多参数结构动态二阶灵敏度及重分析研究

郭　睿／著

吉林大学出版社
·长春·

图书在版编目（CIP）数据

多参数结构动态二阶灵敏度及重分析研究 / 郭睿著
. -- 长春 : 吉林大学出版社, 2020.11
ISBN 978-7-5692-7506-3

Ⅰ. ①多… Ⅱ. ①郭… Ⅲ. ①动力学模型—研究
Ⅳ. ①O313

中国版本图书馆CIP数据核字(2020)第212444号

书　　名：多参数结构动态二阶灵敏度及重分析研究
DUOCHANSHU JIEGOU DONGTAI ERJIE LINGMINDU JI CHONGFENXI YANJIU

作　　者：郭　睿　著
策划编辑：李承章
责任编辑：李潇潇
责任校对：魏丹丹
装帧设计：刘　丹
出版发行：吉林大学出版社
社　　址：长春市人民大街4059号
邮政编码：130021
发行电话：0431-89580028/29/21
网　　址：http://www.jlup.com.cn
电子邮箱：jdcbs@jlu.edu.cn
印　　刷：广东虎彩云印刷有限公司
开　　本：787mm × 1092mm　　1/16
印　　张：8.5
字　　数：180千字
版　　次：2020年11月　第1版
印　　次：2020年11月　第1次
书　　号：ISBN 978-7-5692-7506-3
定　　价：88.00元

前 言

特征灵敏度是指利用结构的模态参数(特征值和特征向量)与结构参数的关系计算结构参数对振动系统影响的敏感程度。充分掌握结构特征值和特征向量的灵敏度信息对增强系统的稳定性,提高结构动态优化设计效率,缩短设计周期具有重要意义。

自 1968 年学术界首次提出特征向量灵敏度的计算概念以来,结构特征灵敏度一直是人们热衷研究的领域。但由于特征值与特征向量都是关于设计参数的隐函数,无法计算其导数矩阵,从而不能用直接求导法对多参数结构特征灵敏度问题进行研究。现有的求解方法一般是在简单求导法的基础上结合模态展开法或 Nelson 法,但这些方法都要涉及一系列的方程运算,其算法步骤烦琐且计算量大。

本书在矩阵摄动理论的基础上提出一种新的计算特征值和特征向量灵敏度的方法——摄动灵敏度法。首先,将结构的系统增量矩阵(刚度矩阵、质量矩阵)作为设计参数的隐函数进行 Taylor 展开,得到系统增量关于设计参数的函数关系,然后根据特征值与特征向量的一阶、二阶摄动理论,推导出多参数结构特征值和特征向量的一阶、二阶摄动灵敏度和摄动灵敏度矩阵。此外,本书还对复模态特征灵敏度问题进行了研究,给出多参数结构复特征值与右、左特征向量的一阶、二阶摄动灵敏度和摄动灵敏度矩阵。

摄动灵敏度法通过在建立模型的过程中引入设计变量,使分析结果具有较明确的物理意义,提高了理论模态和试验模态的相关程度。它所提供的一阶、二阶摄动灵敏度矩阵是特征值和特征向量关于多参数的一阶、二阶导数矩阵的有效近似,解决了梯度阵和 Hessian 阵不能用求导法直接计算的问题,为结构重分析提供了有力帮助。本书通过对大型有限元分析软件 I-DEAS 的二次开发,成功地将该方法应用于此软件平台,解决了多参数结构特征灵敏度的工程计算问题,充分体现了该方法对结构设计的理论指导作用,展示了该方法的有效性与优越性。

目 录

第1章 绪 论

1.1 工程背景及选题意义

现代计算技术的快速发展是有限元理论和方法取得显著进步的科学基础，它将结构优化设计由传统的静态设计逐渐发展为动态设计，从而使产品不仅满足刚度、强度和稳定性的设计要求，又具有良好的结构动态特性。CAE 技术是一种现代化的设计方法，它通过数值化的虚拟实验模拟消耗量巨大的实物实验，可以缩短产品的开发周期，节约开发成本，从而大大提高产品的竞争力。目前，随着人们对工程结构性能和质量的要求越来越高，对 CAE 的计算分析能力也提出更高的要求，即它需要从简单的产品质量校核，逐渐深入到准确检测产品性能和精确模拟产品加工过程上。这就对设计人员提出了更高的技术要求。他们需要找到合理的设计方案，使产品不仅满足性能要求，而且具有最佳的设计结果，避免生产过程中不必要的浪费和产品设计中工作量的加重。这种工业上的需求加快了科学计算领域中优化理论的发展和优化算法的开发。而对优化设计和优化算法而言，设计灵敏度问题和快速重分析问题是两个最主要的重点与难点。

灵敏度分析是一种研究模型不确定性问题的重要方法，在建立几何模型、模型校验和机构简化等几个方面有非常重要的作用。由于模型的复杂程度会给模型修改增加难度，如果可以在模型校准前应用灵敏度分析，根据参数的重要性确定需要着重分析的参数个数和位置，就可以减少校准的次数，提高设计效率。所以，在研究不确定性结构的过程中，灵敏度分析经常作为判断模型的科学假设是否真实、能否降低设计成本的一种重要手段。例如，对模型运行条件进行灵敏度分析，可以确定最适合该环境条件的模型结构，去除影响较小的模型参数，从而简化模型。此外，在结构动态有限元数学模型修正、结构动力学修改以及结构动态设计中，灵敏度分析也具有非常重要的作用。

结构动力重分析是以结构动态特性高效重分析方法和结构重设计技术的理

论和应用为基础的一个结构动力学分支。对重分析问题的研究，兴起于 20 世纪 60 年代，自 70 年代以来取得了重大发展，至今仍方兴未艾。国内外许多学者在这方面提出自己的观点，出版了许多有关结构修改的专著和文献，具体介绍可参见文献[1-13]。结构动力重分析的基本思想是根据结构修改形式和原结构的振动模态参数，通过重分析研究确定修改后结构的振动模态参数。结构动力修改的另一个分支是结构动力重设计问题。它的基本思想是在已知原结构与修改后结构的振动模态参数的条件下，利用约束最优化设计确定如何修改结构的方法[14-27]。此外，结构动力修改还有一类逆修改问题[28-40]，它主要是利用 CAE 的有限元分析结果和实验测量结果对有限元模型的参数(矩阵)进行校正，也称为结构动力模型修正问题。值得注意的是，虽然优化设计是结构重分析的目的，但结构重设计却需要借助重分析方法，反复检验修改后的动态特性是否满足设计要求。所以重分析和重设计这两个方面并不是完全独立的，而是互相联系与影响的。

由于计算条件的限制，20 世纪 60 年代以前，作为实施结构灵敏度和重分析方法的工具——有限元法发展缓慢，不能对实际工程的设计问题给予有利帮助。到了 20 世纪中叶后，随着计算机技术的快速发展和处理数据能力的提高，有限元法的强大作用得以显现，这使得结构灵敏度和重分析计算逐渐成为新的研究热点。本书正是在这一背景下研究多参数结构特征灵敏度和重分析问题。

1.2 国内外研究现状

根据本书的研究方向，下面分别讨论了有限元法、特征灵敏度和重分析方法的国内外发展情况。

1.2.1 有限元法发展现状

在工程技术领域里，要定量准确地进行结构动力学分析，解决工程中普遍存在的振动问题，首先要建立结构的动力学模型。有限元法是建立理论模型的常用方法，由于它分析速度快，设计周期短，修改性强，在航空、机械、土木等领域具有广泛应用，尤其是在结构力学领域，是最有力的理论分析工具之一。

有限元法的基本思想就是将连续的求解域离散为一组有限个且按一定方式相互连接在一起的单元组合体，并用每一单元内假设的近似函数来分片地表示全求解域上的位移场函数，单元内的近似函数通常用未知场函数或其导数在单元各个节点上的数值和其差值函数来表示[41]。这样，在有限元分析中，未知场函数或其导数在各个节点上的数值就成为新的未知量,即节点的自由度问题,从而将一个连续的无限自由度问题离散为有限的自由度问题。一旦求解出这些未知量的数值,就可以通过插值函数计算出各个单元内场函数的近似值,从而得出整个求解域上的近似值。随着单元数目的增加或单元自由度的增加及插值函数精度的提高,解的近似程度也将不断地提高。若单元满足收敛性要求,近似解将收敛于精确解。

1941 年 Hrenikoff 提出了所谓的网格法,1943 年 Courant 提出可以在一个子域上采用逐段连续函数来确定接近未知函数的方法,1956 年 Turner、Clough 和 Martin 等人给出了关于有限元法的正式文献。1960 年,Clough 首次在一篇向土木工程界演示有限元法的文章中提出了“有限元法”的名称,他将组成有限元整体的尺寸相对较大的结构小块,与在结构位移计算典型虚功分析中的无穷小量明确区分开,使人们了解到有限元法的作用[42]。1963—1964 年,Besseling、Melosh 和 Jones 等人证明了有限元法是基于变分原理 Ritz 法的另一种形式,从而使 Ritz 法分析的所有基础理论得以适用于有限元法,确认了有限元法是处理连续介质问题的一种普遍方法[41]。在实际应用中,有限元法已经由简单的弹性力学平面问题扩展到空间问题,由静力平衡问题扩展到动态问题,由线形扩展到几何非线性、材料非线性等诸多方面。到了 20 世纪 90 年代中期,有限元求解方法产生了巨大变化,稀疏矩阵解法渐渐取代了传统的带宽解法[43]、变带宽解法[44,45]与波前法[46,47]。由于稀疏矩阵解法可以对中到大型对称正定稀疏有限元方程组进行快速求解,为有限元分析带来了求解速度的突破,也为快速有限元技术的发展带来了突破。它包括快速有限元前、后处理技术和快速求解技术。这里,快速有限元求解技术是有限元技术的核心,也是研究的热点。快速求解方法可分为直接法和迭代法,下面简单地加以介绍。1969 年,E. Cuthill 和 J. McKee[48]提出了缩减稀疏矩阵带宽算法,文献[49-53]提出了 Reverse Cuthill-McKee 算法后,该算法被应用于以总刚度矩阵一维变带宽存储为基础的传统直接求解器中。文献[54-57]提出了对最小度算法的重排序技术,此后,这种重排序技术成为其他求法的基础。文献[58,59]在稀疏分块矩阵的双向正交链表存储方案的基础上,采用了面向对象的有限元快速算法和基于稀疏分块矩阵的带宽优化技术,提出了面向对象的有限元快速算法。文献[60,61]介绍了近 20 年来发展起来的有限元求解技术。在有限元迭代求解方面,总体上可分为幂迭代法、同步迭代法和子空间迭代法。Krylov 子空间方法是目前最常用的迭代方法[62-66]。Meijerink J. A. 和 Vorst H. A. van der.[67,68]提出系数矩阵不完全三角分解预条件技术是公认求解大型稀疏线性方程组方法的一次重大突破。Lee F. H.[69]讨论了用 Jacobi 预条件 Krylov 算法求解有限元系统的技术,他比较了使用相同的

Jacobi 预条件技术的两种 Krylov 算法的收敛速度，由此提出了使用 Jacobi 预条件技术，计算收敛速度不仅与系统的特征值分布有关，而且与预条件矩阵结构有关的思想。关于预条件技术的研究还有其他几种方法，Morgan[70] 对稀疏矩阵的特征值问题采用的 Lanczos 算法，Crouzeix M.[71] 等人戴维森方法等。这些算法都使有限元技术可以大规模地应用于结构设计和模拟计算中。

1.2.2 灵敏度问题研究发展现状

首先，从数学的角度解释一下灵敏度分析的概念和参数灵敏度的含义。

设二次方程

$$ax^2+bx+c=0 \tag{1.1}$$

其中，a，b 和 c 是相互无关的待定参数，考虑当 b 为何值时它的微小变化会使方程根发生很大变化。

为解答这一问题，我们需要将式(1.1)对 b 求导。

$$2ax\frac{\mathrm{d}x}{\mathrm{d}b}+b\frac{\mathrm{d}x}{\mathrm{d}b}+x=0 \tag{1.2}$$

于是

$$\frac{\mathrm{d}x}{\mathrm{d}b}=-\frac{x}{2ax+b} \tag{1.3}$$

显然，当 $x=-\dfrac{b}{2a}$ 时，

$$\frac{\mathrm{d}x}{\mathrm{d}b}\to\infty \tag{1.4}$$

这就是说，此时参数 b 的微小变化会导致式(1.1)的根发生的很大变化。考虑方程的二次根表达式，有

$$x_{1,2}=\frac{-b\pm\sqrt{b^2-4ac}}{2a} \tag{1.5}$$

可见，上述情况发生在参数 $b=\sqrt{4ac}$ 处，此时方程会得到重根 $x_{1,2}=-\dfrac{b}{2a}$。如果把 b 作为参数，取 $b=\sqrt{4ac}$ 时，它的微小变化会使二次方程的根计算得很不准确。在数值计算中，称上述根的计算是病态的；从灵敏度理论的观点讲，这是一个对参数变化敏感的灵敏度问题。

在 20 世纪 60 年代以前，灵敏度的概念兼指结构对干扰和摄动的敏感程度；60 年代末到 70 年代初。灵敏度开始用于专指结构不确定性对结构性能的影响；70 年代末，又产生了术语“稳健性”，它的主要含义是结构越稳健，则其特性受各种摄动影响，特别是受非结构不确定性的影响越小。由此可见，“灵敏度”和

“稳健性”这两个概念是相辅相成的。由于当前各国术语不统一，对灵敏度和稳健性含义还有其他两种不同的看法。一种看法认为灵敏度宜用于处理外干扰对系统的性能影响问题，而稳健性则用于处理摄动影响问题[72]，第二种看法则认为灵敏度是指在作为设计计算依据的额定参数工作点附近有小的参数摄动时，这种小摄动对结构性能的影响；而稳健性则是指参数在上述额定点作大范围变动时，结构还能在一个足够大的区域中有能力保持对它的性能要求[73]。不论采用哪种观点都可以看出，灵敏度和稳健性分析在处理结构不确定性问题上都有重要意义，它们的作用是相互联系的。灵敏度理论除了研究减少结构不确定性对结构性能影响的问题外，它研究的另一个方面是强化结构对参数摄动的敏感性，以解决工程实际中的一些特殊问题。现在已经把灵敏度分析应用在很多领域，如结构优化设计、可靠性评估和参数识别等很多方面。而灵敏度也根据研究对象的不同分为很多种类：从设计变量的角度考虑，有形状灵敏度和尺寸灵敏度；从结构参数角度可分为确定性灵敏度和不确定性灵敏度，其中不确定灵敏度又可分为随机灵敏度和客观灵敏度两种；从结构的静动态响应来分，跟静态响应有关的有应力灵敏度、应变灵敏度和位移灵敏度，跟动态响应有关的有特征值和特征向量灵敏度、瞬态灵敏度、频率灵敏度和屈曲灵敏度；从函数形态上分，有线性和非线性灵敏度。

在本书中，我们将主要研究多参数结构的特征灵敏度，即特征值和特征向量的灵敏度问题。下面，将对特征灵敏度问题进行介绍。特征灵敏度在结构优化、模型修正、动力学响应、损伤识别和结构可靠性等领域有着非常重要的作用。首先，在结构优化问题中，我们常需要对目标函数、约束函数关于设计变量的偏导数进行求解，而这些问题的重点经常围绕在固有频率和固有振型对所求参数的偏导数上，即特征灵敏度分析。特征灵敏度分析是指特征值和特征向量对参数改变的敏感程度，它可以找到影响系统振动特性最大的参数，确定结构优化的搜索方向，提高设计产品的工作效率。

建立结构的动力学模型是结构动力学分析的一个必经过程。在工程设计过程中，设计人员可以通过有限元法建立一个能够近似描述结构动力特性的理论模型，然后根据实验得到的模态参数修正结构的初始模型，使有限元法得出的结构能够较准确地反映出结构真实性能。对于像航空、航天等重要的大型工程结构，在进行动力学实验前必须经过有限元模型的虚拟试验进行检查。但由于存在建模误差、载荷施加与复杂边界条件等诸多原因，有限元模型分析的模态参数精度一般均低于试验结果，还需要特征灵敏度分析的模型修正技术对结构模型进行进一步的修改。特征灵敏度分析方法以结构参数为基础，其物理意义明确，结合其他优化设计方法可以大大缩短结构动力修改过程，节约计算成本，从而特别适用于复杂结构的模型修正问题。

其次，系统的特征对(特征值和特征向量)是决定力学系统动力响应的关键，因此，当系统参数发生变化时系统特征对也将产生变化，从而引起整个系统动力响应的变化。但是研究整个系统的分析需要花费很多精力，如果能够计算出参数变化量引起的结构动力响应变化量，那么计算系统动力响应的工作量会显著下降。而特征灵敏度分析可以实现这一目标，它可以避免对结构响应的重新计算，节省了计算时间。

此外，特征灵敏度是判断系统损伤的一个重要方法。结构工程损伤的典型表现为一些单元的局部强度发生了退化。这种退化可能是纯粹的刚度损失，也可能是刚度和质量的同时降低。为了判定结构损伤的程度，必须在结构模型中对损伤进行量化的定义。从数学上讲，损伤可以在参数域上加以定义，也可以通过模型修改加以定义，如通过增加或减少 CAE 模型中的单元来直接量化损伤。但是这些方法只适用于损伤可以通过直接修改模型加以量化的少数简单问题。对于损伤范围较大或全局损伤识别问题就需要用可以由参数来表示结构刚度、惯性、阻尼等变化的方法。

重大工程结构的可靠性对社会和经济有重要影响，为了保证人民正常的生产生活必须准确评定工程结构的实际性能。目前，我国有大量的工程结构达到或已经超过其设计基准周期，在复杂工作环境和不断积累的工作损伤下，结构的可靠性显著下降，成为人民生命财产安全的隐患。因而工程设计人员对能够科学评定工程结构当前损伤状态的结构损伤识别方法与技术具有迫切要求。特征灵敏度分析不需要修改结构模型的拓扑关系，对全局损伤识别问题具有很强的吸引力，它能够提供参数对结构特征影响的程度并判断损伤位置，是判断结构损伤的有力工具。Ricles 和 Kosmathka[74]将该方法用于损伤识别的研究，取得了令人满意的效果。Sanayei、Onipede 和 Hemez 等人[75-77]进一步研究了单元层次的参数识别问题，此后有很多科学家对多种损伤识别方法作了进一步的完善和发展[78-80]。

另外，特征灵敏度分析在系统识别和鲁棒性控制、最优控制以及特征值反问题的数学解法中也有着非常重要的作用。在数值代数中，求矩阵在限制条件下应具有的预先给定的特征值与特征向量的问题称为矩阵特征值反问题。由于解的不确定性，其解析解的求解是一个数学上至今尚未解决的难题，而特征灵敏度分析为解决这一难题提供了新思路。基于研究类型的不同，特征灵敏度问题可以分为以下几类，如图 1.1 所示。

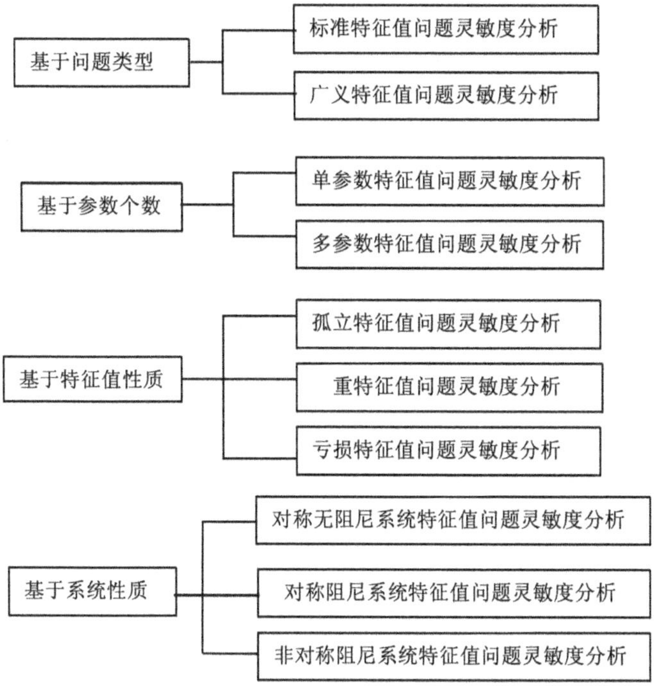

图 1.1 灵敏度分类

在特征灵敏度分析的理论和应用方面,国内外学者做了大量的研究工作,取得了丰富的研究成果。最早的结构动力灵敏度分析由 Rayleigh[81] 展开,他在文章中阐述了如何由结构发生的微小变化推导出基频变化的问题。此后,Fox[82] 和 Rogers[83] 给出对于任意设计变量的特征值和特征向量变化率的确切表达式。Nelson[84] 在 Fox 的基础上进一步给出了求解特征值和特征向量的简便方法。这些经典理论为后来的学者奠定了理论基础。Juang 和 Lim[85],Lee 和 Jung[86,87] 对复特征值和特征向量的一阶灵敏度的计算提出一种简单方法。Gong 和 Xu[88],Maddulapall[89] 和 Choi[90] 讨论了特征灵敏度在结构修改和优化设计过程中的作用。胡海昌[91] 对结构的频率和振型的灵敏度计算应用了小参数法,陈塑寰、刘中生等[92-96] 根据矩阵摄动理论对结构的模态灵敏度进行了分析求解,并研究了退化系统和复模态结构的特征值、特征向量灵敏度问题。Banchio[97] 讨论了完备系统下结构重频时的特征灵敏度问题。陈塑寰、徐涛等[98] 研究了线性亏损系统的特征灵敏度计算。Qu. Z. Q.[99,100] 分别研究了无阻尼结构和黏性阻尼结构的频率响应灵敏度。Moon 和 Kim[101] 研究了具有对称阻尼系统的动力特征灵敏度。文献[102] 研究了重频有阻尼系统的高阶灵敏度问题。Bahai 和 Farahani[103-104] 在逆特征问题中研究了灵敏度的计算,并用理论指导实际工作,使特征灵敏度分析得到了有效地应用。文献[105-115]分别从不同的角度对灵敏度问题进行了研究和阐述。

长期以来，特征向量灵敏度的计算方法大致可分为以下几种：

(1)有限差分法

这种方法是用差分公式来计算近似的特征向量导数，如下式所示

$$\frac{\partial \boldsymbol{u}_i}{\partial \alpha}=\frac{\boldsymbol{u}_i(\alpha+\Delta\alpha)-\boldsymbol{u}_i(\alpha)}{\Delta\alpha} \tag{1.6}$$

该方法通俗易懂、易于实施，难点是步长 $\Delta\alpha$ 的选取，过大会增加截断误差，对计算精度造成影响，过小会增加计算量。Iott[111,112]提出了一种确定最优步长的方法。

(2)模态法

将待求阶的特征向量导数表示为系统所有特征向量的线性组合，然后利用特征向量关于矩阵的正交性条件进行求解，也称为模态叠加法。这种方法的缺点在于，在大型复杂的实际工程算例中想要获得所有的模态几乎是不可能的，只能用一部分低阶模态作为待求特征向量导数的基向量进行模态展开，这必然会导致截断误差。为改进这种算法的精度，Wang[116,117]提出了一种用静力模态法来近似高阶模态贡献的修正法。宋海平[118]利用迭代模态法和 Neumann 级数，将截断的高阶特征向量用低阶向量表现出来，减小了截断误差。张令弥在文献[119-121]中通过对传统模态法、迭代模态法、位移模态法和修正模态法的精度和效率进行比较后，指出传统模态法和修正模态法均为迭代模态法的特例，而移位迭代模态法是模态法更为一般的方式。对于截断掉的高阶模态，张德文在文献[124]中用一个包含高阶模态信息的等效模态矩阵加以代替，实现了特征向量导数的完备线性组合，可以看作是一种精确算法。文献[126]在重特征值问题上对上述算法进行了改进并使之完善。

(3)Nelson 方法

Nelson[84]方法是计算模态导数时常用的方法之一。它将特征向量导数表示为奇次方程的通解与非奇次方程的特解之和，通过对这两部分的分别求解得到特征向量的灵敏度。该方法不需要系统的所有模态信息，只需要所求阶的特征值和特征向量，不存在截断误差的问题。但是，该算法需要处理控制方程稀疏矩阵的奇异性。Friswe 和 Adhikari[127]、Najeh Guedria[128]将 Nelson 方法应用于求解实模态特征向量一阶导数和特征值二阶导数的问题。Tang[129,130]在特征值的一阶导数互异的情况下，求解了一般非对称特征系统相应于特征值的特征向量导数。

(4)代数法

这种方法的基本思想是构造线性代数方程组，通过解方程的形式来得到特

征值和特征向量对的导数。Fox 和 Kopper[82] 提出的处理无阻尼系统特征向量导数的方法不能保持原矩阵的带状性。Lee 和 Juang[86,87] 将这种方法应用于对称无阻尼系统。最近，Najeh Guedria[110] 提出了一种处理非对称阻尼系统的代数法，通过将特征值和右、左特征向量的导数放在一个向量中，对相关方程进行求解，可以同时得到特征值和特征向量的灵敏度。

(5)迭代法

迭代法是利用系数矩阵和右端向量来构造向量序列，使该向量序列收敛到精确解的方法。该方法可以有效地计算系统的特征向量导数，而且利用系数矩阵的稀疏性减少了内存需求。张德文等人[123,125] 提出用直接扰动法、动柔度法等计算动力特征向量灵敏度中支配方程特解的方法，曾国华[131] 也对动力特征向量灵敏度的组合扰动迭代算法进行了研究，他将基于特征方程和质量矩阵正交化所得的特征向量灵敏度的约束条件通过组合系数统一起来，并通过引入干扰系数与质量矩阵构成扰动矩阵，最终形成求解结构特征灵敏度的迭代格式，他还给出了组合系数和扰动系数的选择原则。

1.2.3 重分析方法主要分类

在许多工程实际中，分析结构的动力特性是设计过程中必不可少的环节，设计人员先根据经验和设计要求作出初步设计，然后做动力学分析，最后通过试验测定和检测确定设计方案。虽然对于大型复杂结构的动力分析一般只计算结构最低几阶模态的频率和振型，但由于结构的复杂性，不可能只经过一次设计就达到各种性能要求，只有进行反复修改直至方案被认可为止。在结构修改过程中，有多种因素会引起结构形状的改变，例如：外界环境的影响、增强结构的振动特性、提高稳定性等。这样每一次修改后都会产生一个新结构，这就意味着要对这些新结构进行完全的动力分析，以掌握变化后结构的动力特性。要得到结构变化后的动力特性，有两种途径：一是重新进行一次严格的动力分析，从而检测新方案是否满足设计要求，但如果设计参数反复变化或结构矩阵规模很大时，计算量将成倍增加；另一种途径是运用快速有效的重分析方法来代替严格的重分析，这能减少计算量，较快得到满意的设计结果。因为近似重分析方法利用了原结构的动力分析结果，当结构变化程度不是很大时，通过对原有动力分析结果进行数学操作可以得到较高精度的分析数据，避免了对新结构的反复计算，加速了优化过程、大大减少计算成本，所以研究快速有效的动力重分析方法是非常必要的。对这一问题，国内外许多学者发表了大量文献[132-139]。结构参数修改重分析按照研究对象可分为两大类：结构静态重分析和结构动态重分析[140,141]。结构静态重分析一般用来快速求解如下所示的有限元平衡方程

$$\boldsymbol{K}_i\boldsymbol{X} = \boldsymbol{P} \tag{1.7}$$

其中，$\boldsymbol{K}_i$ 和 $\boldsymbol{P}$ 分别为刚度阵和右端载荷向量，$\boldsymbol{X}$ 为待定求解向量。结构静态重分析方法按照计算精度还可以分为两大类[142]：精确重分析方法和近似重分析方法。早期的精确重分析方法以代数学上的分解矩阵法[143-145]、力学上的初始应变应力法[146,147]和平行单元法[148]为代表。一般来说，结构静态重分析方法都是基于 SMW[149]公式开展的研究：

$$(\boldsymbol{K}_0 + \boldsymbol{u}_i\boldsymbol{v}_i^{\mathrm{T}})^{-1} = \boldsymbol{K}_0^{-1} - \frac{\boldsymbol{K}_0^{-1}\boldsymbol{u}_i\boldsymbol{v}_i^{\mathrm{T}}\boldsymbol{K}_0^{-1}}{1 + \boldsymbol{v}_i^{\mathrm{T}}\boldsymbol{K}_0^{-1}\boldsymbol{u}_i} \tag{1.8}$$

式中，$\boldsymbol{u}_i$ 和 $\boldsymbol{v}_i$ 均为列向量。利用式(1.8)，通过求解修改后结构刚度矩阵的逆来实现对结构的重分析。Mehmet A. 研究了几种结构修改静态精确重分析方法，而且将线性重分析技术应用到非线性重分析问题中，扩大了研究领域。但是这些方法的计算量较大，应用范围有限。

近似重分析方法也称作逼近法，通常应用于大中型规模系统的修改，它可以给出结构修改后响应的近似解。根据逼近方式，近似重分析方法可分为三种：局部逼近法、全局逼近法和组合逼近法。

(1)局部逼近法

局部逼近法是根据给定的单个初始点的信息计算修改后结构的动态特性，如在指定点的 Taylor 级数展开、二项式展开等。局部逼近法的优点是在设计变量做小修改的情形时非常有效，但对于设计变量做大修改的情况，局部逼近法的设计精度就会比较差，甚至变得没有意义。

(2)全局逼近法

全局逼近法是通过一些设计点的信息来分析整体结构修改后的动态特性，从而使它在整个设计区域上都有效，如多项式拟合法[150]和缩减基方法[151]等。由于设计点的多少限制了求解的精度和计算量，所以当结构设计变量和设计点较多时，求解过程会变得有些困难。

(3)组合逼近法

组合逼近法通过把局部逼近的结果作为全局逼近展开时的基向量来实现对局部逼近法和全局逼近法的组合。由于它博采了局部逼近法的工作效率和全局逼近法的求解质量这两方面的优点，所以具有精确、高效、弹性和易实现的优点，但一般只能局限于结构修改量较小的情形。

在工程实际中，结构变化后修改的形式各异，概括一下，主要有以下两类：一是结构的几何尺寸(如梁的截面积、板的厚度)和材料特性(如弹性模量、泊松比、质量密度等)发生变化；二是结构上附加了子结构(如增加集中质量、支撑弹簧或在原自由度的基础上增加单元等)。结构发生的变化可能是上面所说的一种或两种情况的组合，下面简单讨论一下目前通用的几种快速动力重分析方法。

(1)特征向量降阶法

该方法的主要依据是当结构发生小变化时，可以近似忽略掉前 k 阶特征向量所张成的子空间，如果系统的 n 很大时，计算量只有严格重分析的1%至10%。特征向量降阶法可适用于单根、重根或密集根的情况，其精度取决于结构变化前后所关心的前几阶特征向量张成子空间的变化大小。使用这种方法时，要注意两个子空间的夹角正弦值的大小，否则可能会产生很大的误差。

(2)分步重分析技术

其基本思想是把结构较大的变化 Δp 分解为一系列小变化 Δp_1，Δp_2，…的和，认为结构先发生变化 Δp_1，然后再发生 Δp_2，直至 Δp 发生完。所以，它是将重分析分为 L 步来进行，先对 Δp_1 的变化作一次重分析，将其结果作原结构的基本信息，在此基础上对 Δp_2 再作一次重分析，记录新的计算结果，以此类推，直至所有的变化发生完。所以它是将一步完成的重分析分为多步来完成，其中每一步都采用了扩展基向量降阶法。如果用了 L 步分步重分析方法，其误差可以达到一步完成重分析方法的 $1/L^2$ 倍，但这种方法需要选择合理的步数，使其在节省时间和计算量的同时保证计算精度。

(3)矩阵摄动法

对于参数发生较小变化的情况，矩阵摄动法是一种非常有效的重分析方法。它通过将特征值和特征向量做幂级数展开，略去高阶小量从而得到特征数据的变化值与参数变间的关系。其中，对于孤立特征值与相重及密集特征值要采用不同的计算方法。自1968年Fox R. L提出处理结构参数修改问题的特征值和特征向量一阶导数算法[82]和J. C. Chen、B. K. Wada于1977年提出矩阵摄动法[152]以来，矩阵摄动法的研究和计算精度一直受到学者的关注[153-166]。William B. B.[153]提出了改进的矩阵摄动法，它的特点是没有增加任何计算量，用结构修改前的特征向量关于修改后质量矩阵的内积来替代修改前的质量内积，提高了一阶摄动法的精度。之后，他对连续系统特征值和特征向量的重分析进行了改进，提出有效的计算方法[154]。为了进一步提高摄动法的精度，文献[155]提出了二阶矩阵摄动方法。对于重特征值系统的结构修改重分析问题，Haug-Rousselet[156]、陈塑寰[157]和胡海昌[158]还提出了退化系统的矩阵摄动法。Liu JK和Chan HC也提出了能处理孤立、重频和密频的复模态矩阵摄动法[159]。

对于结构设计中的变量大修改情况，应用摄动方法求解时计算精度会发生很大变化，有时可能变得没有任何意义。因此，有必要改进摄动法的精度来适应结构修改中参数变化较大的情况。改进重分析精度主要由以下四个方法入手：①改进基向量的精度，采用高阶摄动；②对基向量组合进行优化；③采用Rayleih

商进一步改进解的精度;④采用迭代法和迭代加速技术。近年来,一些学者也从新的角度,提出改进重分析的方法。例如:文献[165,166]利用 Pade' 近似法改进了向量基的精度。U. Kirsch[167,168]提出了拓扑修改重分析的组合近似方法,它将缩减基方法与一个级数展开的前若干项组合起来,基于对指定点的精确分析结果,求解一个小规模线性方程组。随后,U. Kirsch[169-171]将 CAE 算法应用到对结构的横截面、几何、拓扑修改等问题。文献[172]提出了一个处理各种拓扑修改的统一方法,它研究了一个统一的模式,使其可以适用于几种拓扑修改方案。Chen[173]改进了 Kirsch 方法,提出了一个处理各种拓扑修改的迭代组合近似法。该方法可以处理拓扑结构大修改的情况,改进了 Kirsch 方法的应用范围。它在产生假定位移模式之前,将刚度矩阵增量等分,然后再用 Kirsch 方法进行迭代。对于计算结构大修改情况,该方法计算精度较高。此外,对于静态重分析问题,Kirsch[174]采用了试探法建立修改初始刚度阵,提出了统一的拓扑修改计算方法。

用矩阵摄动方法研究结构动力学问题时遇到的最大困难主要有两个:一个处理摄动方程系数矩阵的奇异性,另一个就是在求特征向量的摄动时,为了得到高精度的结果需要计算出大量的系统特征值和特征向量。对矩阵摄动方法的研究大多是为了较好的解决这两个问题及其引申问题上。总结矩阵摄动理论的研究课题,主要包括:孤立特征值问题的矩阵摄动方法、重频特征值问题的矩阵摄动方法[175]、密频特征值问题的矩阵摄动方法、复频特征值问题的矩阵摄动方法以及亏损系统的矩阵摄动方法[176-193]。

1.3 本书主要研究内容

本书在矩阵摄动理论的基础上提出一种新的计算特征值和特征向量灵敏度的方法——摄动灵敏度法。首先,将结构的系统增量矩阵(刚度矩阵、质量矩阵)作为设计参数的隐函数进行 Taylor 展开,得到系统增量关于设计参数的函数关系,然后根据特征值与特征向量的一阶、二阶摄动理论,推导出多参数结构特征值和特征向量的一阶、二阶摄动灵敏度和摄动灵敏度矩阵。本书还对复模态特征灵敏度问题进行了研究,给出多参数结构复特征值与右、左特征向量的一阶、二阶摄动灵敏度和摄动灵敏度矩阵,最后给出了算法的软件实现。具体内容安排如下:

本书第 1 章简要介绍了课题背景和选题意义,讨论有限元技术的发展和应用,特征灵敏度研究的情况和重分析方法的分类。本书第 2 章介绍了计算实模态特征值和特征向量的一阶灵敏度方法。根据对特征向量一阶导数量的展开方式和计算方法的不同,大致可以分为两种:模态展开法和 Nelson 方法。Fox 等人提出的完备展开法是后来大多数模态展开法的基础。Nelson 通过解方程的特解和通解的形式,提出了一阶特征向量导数的计算方法,它只需提供所求阶特征向量的基本信息,减小了计算量。模态展开法要求提供所有阶数的特征向量信息,这在实际中无法做到,只能用低阶模态近似求解,这就会造成截断误差。为了减少截断误差带来的损失,进一步发展了修正模态法、高精度截尾模态展开法和 Neumann 级数展开法。对于大型问题的计算,可以使用子结构灵敏度综合法。该方法是动态凝聚算法的一种,它可以提供较高阶特征向量的灵敏度,但在处理子空间特征值移位和各子空间方法交界面的协调关系时,存在着大量的计算工作量。

本书第 3 章研究了当结构的设计参数发生变化时,为了减少计算成本,不直接对修改后的结构进行严格重分析,而通过对原结构的计算结果估算新结构的重分析方法。首先根据 Taylor 级数展开法将结构矩阵的增量按照设计参数展开,得到它们之间的函数关系。然后根据矩阵摄动法,从实模态特征值和特征向量的一阶、二阶增量表达式推导出多参数结构特征值和特征向量的一阶、二阶摄动灵敏度公式,给出特征值和特征向量关于多参数的一阶、二阶摄动灵敏度矩阵,并讨论了该算法在参数小变化时的准确性和有效性。

本书第 4 章讨论了结构存在阻尼矩阵,应用复模态理论进行结构动力学修改时的特征灵敏度问题。在引入状态空间的概念后,结构的状态方程比实模态结构扩大了一倍,加大了计算难度和工作量。相应地,计算实模态特征向量灵敏度的模态展开法和 Nelson 方法也会发生变化。文中介绍的改进模态法是高精度模态展开法在复模态问题中的推广,它通过对状态矩阵逆阵的谱分解,改进了高阶模态对低阶模态贡献的表达,取得较好的模态截尾效果。Zimoch 虽然给出了矩阵形式下特征灵敏度的表达式,但需要解多个方程,计算量太大,不适于具体问题的分析。Sondipon Adhikari 一阶模态展开法的特点是降低了维数。它用原结构特征向量在 N 维空间中的线性组合表达式求特征向量的灵敏度,避免了对状态空间的求解,但转化特征向量的过程中计算量较大。Najeh Guedria 代数法利用线性代数的相关知识,将右、左特征向量导数组合到一个 $2N+1$ 维方程组中,通过解方程求灵敏度,计算量大,且无法保证计算精度。

本书第 5 章是多参数结构实模态摄动灵敏度方法在复模态领域的推广和改进。首先根据 Taylor 级数展开法推导出结构的刚度阵、质量阵、阻尼阵的导数阵。然后根据复模态理论的矩阵摄动法,给出复模态系统的特征值与特征向量的一阶、二阶摄动灵敏度计算公式和摄动灵敏度矩阵的表达式,并用数值算例证明了方法的可行性和有效性。

第 6 章是本书中提出算法的有限元程序实施。I-DEAS 软件系统有广泛而先进的模拟功能，强大的计算分析能力，具有支持参数化几何建模，自动网格剖分求解，自定义求解及丰富的后处理功能。其开放式的二次开发处理平台体系，是应用文中提出算法的有效工具。通过 I-DEAS 软件特有的灵活开放式结构，如数据联接(I-DEAS Open Link)、数据库(I-DEAS Open Data)和程序语言(I-DEAS Open Language)等，对软件进行二次开发，可以根据自编译的二次开发程序，实现对算例的灵敏度计算和重分析。

本书第 7 章以带有车架柔性变形特性的商用车动力学模型作为研究对象，分析整车运行过程中，驾驶室悬置、发动机悬置、车架弹性弯曲弹性特征对驾乘人员的平顺性影响。通过灵敏度计算，确定 15 个设计变量对评价指标的影响程度差异，对提高整车平顺性客观评价指标具有重要意义，是目前车辆设计中重要的设计方法。

第 8 章先对本书在多参数结构动态二阶灵敏度及重分析算法的研究做了总结，然后说明了本领域内仍需解决的问题并对下一步的工作进行展望。

第 2 章　单参数实模态灵敏度算法

2.1 引　言

系统的固有频率和模态振型能有效地反映结构的振动特性，所以结构特征灵敏度一直是人们热衷研究的领域。自 1968 年 Fox 和 Kpoor 率先提出计算一阶特征向量灵敏度的方法以来，许多学者在计算特征值和特征向量灵敏度的问题上发表自己的观点，提出相关计算方法。目前这些方法在计算特征值一阶灵敏度时都采用直接求导法，而在计算特征向量一阶灵敏度时分别采用两种不同的方法：直接法和模态展开法。本章首先讨论了实模态特征值和特征向量灵敏度的定义，然后分别介绍了现有的几种计算实模态特征向量一阶灵敏度的方法，其中重点介绍了在进行大型结构灵敏度分析时常用的子结构实模态灵敏度综合法。

2.2 基础知识

对于有 n 个自由度的结构振动问题

$$(\boldsymbol{K}-\lambda_i\boldsymbol{M})\boldsymbol{u}_i=0 \tag{2.1}$$

式中，$\boldsymbol{K}$ 和 $\boldsymbol{M}$ 分别表示系统的刚度矩阵和质量矩阵，λ_i 和 $\boldsymbol{u}_i$ 是结构第 i 阶特征值和对应的特征向量，这里我们假定结构具有 n 个独立的特征值和特征向量。其中特征向量有以下的正交正规化关系

$$\boldsymbol{u}_i^{\mathrm{T}}\boldsymbol{M}\boldsymbol{u}_j=\delta_{ij}\quad 1\leqslant i,j\leqslant n \tag{2.2}$$

其中，δ_{ij} 是 Kronecker 符号。

设系统的设计参数为 α，即 $\boldsymbol{K}$ 和 $\boldsymbol{M}$ 分别是 α 的函数，将式(2.1)和(2.2)两侧对 α 求导，得

$$\boldsymbol{A}_i \frac{\partial \boldsymbol{u}_i}{\partial \alpha} = \boldsymbol{F}_i \tag{2.3}$$

$$\frac{\partial \boldsymbol{u}_i^{\mathrm{T}}}{\partial \alpha}\boldsymbol{M}\boldsymbol{u}_i + \boldsymbol{u}_i^{\mathrm{T}}\boldsymbol{M}\frac{\partial \boldsymbol{u}_i}{\partial \alpha} = -\boldsymbol{u}_i^{\mathrm{T}}\frac{\partial \boldsymbol{M}_\alpha}{\partial \alpha}\boldsymbol{u}_i \tag{2.4}$$

其中

$$\boldsymbol{A}_i = \boldsymbol{K} - \lambda_i \boldsymbol{M} \tag{2.5}$$

$$\boldsymbol{F}_i = -\left(\frac{\partial \boldsymbol{K}}{\partial \alpha} - \frac{\partial \lambda_i}{\partial \alpha}\boldsymbol{M} - \lambda_i \frac{\partial \boldsymbol{M}}{\partial \alpha}\right)\boldsymbol{u}_i \tag{2.6}$$

在(2.3)式两侧左乘 $\boldsymbol{u}_i^{\mathrm{T}}$，根据式(2.2)可以得到特征值的一阶导数公式

$$\frac{\partial \lambda_i}{\partial \alpha} = -\boldsymbol{u}_i^{\mathrm{T}}\left(\frac{\partial \boldsymbol{K}}{\partial \alpha} - \lambda_i \frac{\partial \boldsymbol{M}}{\partial \alpha}\right)\boldsymbol{u}_i \tag{2.7}$$

式(2.3)和(2.4)是确定求振型一阶导数的基本方程。式(2.7)给出了特征值的一阶灵敏度定义，但从式(2.4)无法得出特征向量一阶导数的显式公式，这就需要用别的方法求解$\frac{\partial \boldsymbol{u}_i}{\partial \alpha}$。目前，对于特征向量一阶灵敏度的计算方法主要有模态展开法和直接法，其中 Nelson 发展了直接法，所以一般称直接法为 Nelson 法。

(1)模态法

主要思想是先将$\frac{\partial \boldsymbol{u}_i}{\partial \alpha}$表示为特征向量的线性函数，再讨论线性系数的确定问题。

$$\frac{\partial \boldsymbol{u}_i}{\partial \alpha} = \sum_{j=1}^{n} c_{1j}\boldsymbol{u}_j \tag{2.8}$$

其中 c_{1j} 是待定常数。将式(2.8)代入式(2.3)式中，并在(2.3)式两侧左乘 $\boldsymbol{u}_j^{\mathrm{T}}$ 并根据特征向量关于质量和刚度矩阵的正交性，当 $j \neq i$ 可以得到

$$c_{1j} = \frac{1}{\lambda_j - \lambda_i}\boldsymbol{u}_j^{\mathrm{T}}\boldsymbol{F}_i \tag{2.9}$$

当 $j=i$ 时

$$c_{1i} = -\frac{1}{2}\boldsymbol{u}_i^{\mathrm{T}}\frac{\partial \boldsymbol{M}}{\partial \alpha}\boldsymbol{u}_i \tag{2.10}$$

将式(2.9)和(2.10)代入式(2.8)，可以得到特征向量的一阶灵敏度公式，即

$$\frac{\partial \boldsymbol{u}_i}{\partial \alpha} = \sum_{\substack{j=1 \\ j\neq i}}^{n} \frac{1}{\lambda_j - \lambda_i}\boldsymbol{u}_j^{\mathrm{T}}\boldsymbol{F}_i - \frac{1}{2}\boldsymbol{u}_i^{\mathrm{T}}\frac{\partial \boldsymbol{M}}{\partial \alpha}\boldsymbol{u}_i \tag{2.11}$$

(2)Nelson 法

1976 年，Nelson 提出一种计算特征向量导数的直接法，它只需要了解那些要求阶导数的模态信息，不需要所有的特征向量，简化了计算过程。但是，它需要处理控制方程系数矩阵的奇异性问题。

对于 n 个自由度结构的振动问题(2.1)和(2.2)，我们考虑求解第 i 特征值对应的特征向量 $\boldsymbol{u}_i$ 导数的控制方程(2.3)，这是一个非奇次代数方程组，由于该结构的特征值是完备孤立的，我们设该控制方程的解为

$$\frac{\partial \boldsymbol{u}_i}{\partial \alpha} = \boldsymbol{p}_i + c_i \boldsymbol{u}_i \tag{2.12}$$

其中，$\boldsymbol{p}_i$ 是相关方程的特解，$c_i \boldsymbol{u}_i$ 是方程的通解，c_i 为待定系数。

把式(2.12)代入式(2.3)，考虑到式(2.1)得

$$\boldsymbol{A}_i \boldsymbol{p}_i = \boldsymbol{F}_i \tag{2.13}$$

通过对上式求解可以得到 $\boldsymbol{p}_i$，使其满足方程$\boldsymbol{A}_i \boldsymbol{p}_i = \boldsymbol{F}_i$。

将式(2.12)代入式(2.4)整理后得

$$c_i = -\boldsymbol{u}_i^{\mathrm{T}} \boldsymbol{M} \boldsymbol{p}_i - \frac{1}{2} \boldsymbol{u}_i^{\mathrm{T}} \frac{\partial \boldsymbol{M}}{\partial \alpha} \boldsymbol{u}_i \tag{2.14}$$

由式(2.14)和(2.12)可得计算特征向量一阶灵敏度的公式。

2.3 实模态一阶灵敏度

2.3.1 模态展开法的误差处理

由式(2.8)可知，想要得到精确的特征向量一阶灵敏度需要事先知道所有 n 阶特征向量，但这一点在多数情况下是很难做到的。如果我们只知道系统的前 m 阶振型，忽略后 $n-m$ 阶振型的贡献，可以把式(2.8)改写为

$$\frac{\partial \boldsymbol{u}_i}{\partial \alpha} \approx \sum_{j=1}^{m} c_{1j} \boldsymbol{u}_j \tag{2.15}$$

这样求$\frac{\partial \boldsymbol{u}_i}{\partial \alpha}$的方法称为截尾模态法。很明显，该方法不能得到精确的一阶特征向量灵敏度。所以，对如何用低阶特征向量表示截断的高阶特征向量或减少由于截断高阶向量引起的误差，从而提高计算一阶特征向量灵敏度是很多学者关注的目标。

2.3.1.1 Neumann 级数展开法

Neumann 级数展开法[118]是迭代模态方法的一种，它通过将某种性质矩阵的逆可由 Neumann 矩阵级数展开表示，从而得到用矩阵级数来等效未知模态对特征向量灵敏度的贡献。该方法对低阶模态的特征向量灵敏度分析具有较高的计算效率。

首先，将结构系统特征向量分成两组，一组是 m 阶已知特征向量，另一组是

$m+1$ 到 n 阶的未知特征向量。表示为

$$\boldsymbol{U}=[\boldsymbol{U}^1,\boldsymbol{U}^2] \tag{2.16}$$

其中，$\boldsymbol{U}^1=[\boldsymbol{u}_1,\boldsymbol{u}_2,\cdots,\boldsymbol{u}_m]$，$\boldsymbol{U}^2=[\boldsymbol{u}_{m+1},\boldsymbol{u}_{m+2},\cdots,\boldsymbol{u}_n]$

同理，特征值也分成两组

$$\Lambda=\mathrm{diag}(\Lambda_1,\Lambda_2) \tag{2.17}$$

其中，$\Lambda_1=\mathrm{diag}(\lambda_1,\lambda_2,\cdots,\lambda_m)$，$\Lambda_2=\mathrm{diag}(\lambda_{m+1},\lambda_{m+2},\cdots,\lambda_n)$

因此特征向量灵敏度可表示为

$$\frac{\partial\boldsymbol{u}_i}{\partial\alpha}=\frac{\partial\boldsymbol{u}_i^1}{\partial\alpha}+\frac{\partial\boldsymbol{u}_i^2}{\partial\alpha}=\boldsymbol{U}^1C_1+\boldsymbol{U}^2C_2 \tag{2.18}$$

其中，$C_1=\{C_1,C_{i2},\cdots,C_{im}\}^{\mathrm{T}}$，$C_2=\{C_{i,m+1},C_{i,m+2},\cdots,C_{in}\}^{\mathrm{T}}$

即

$$\frac{\partial\boldsymbol{u}_i^1}{\partial\alpha}=\boldsymbol{U}^1C_1=\sum_{j=1}^{m}C_{ij}\boldsymbol{u}_j \tag{2.19}$$

$$\frac{\partial\boldsymbol{u}_i^2}{\partial\alpha}=\boldsymbol{U}^2C_2=\sum_{j=m+1}^{n}C_{ij}\boldsymbol{u}_j \tag{2.20}$$

在已知前 m 阶特征值和特征向量的情况下，$\dfrac{\partial\boldsymbol{u}_i^1}{\partial\alpha}$可由式(2.9)和(2.10)求出；对于复杂问题由于缺少 $m+1$ 到 n 阶特征值和特征向量，所以$\dfrac{\partial\boldsymbol{u}_i^2}{\partial\alpha}$是未知的，只能寻求其他方法求其近似解。

由$\boldsymbol{K}^{-1}$的谱分解得知

$$\boldsymbol{K}^{-1}=\boldsymbol{U}\Lambda^{-1}\boldsymbol{U}^{\mathrm{T}}=\boldsymbol{U}^1\Lambda_1^{-1}\boldsymbol{U}^{1\mathrm{T}}+\boldsymbol{U}^2\Lambda_1^{-1}\boldsymbol{U}^{2\mathrm{T}} \tag{2.21}$$

令

$$\Phi=\boldsymbol{U}^2\Lambda_1^{-1}\boldsymbol{U}^{2\mathrm{T}} \tag{2.22}$$

则

$$\Phi=\boldsymbol{K}^{-1}-\boldsymbol{U}^1\Lambda_1^{-1}\boldsymbol{U}^{1\mathrm{T}} \tag{2.23}$$

将式(2.5)、(2.6)代入式(2.3)，得到

$$(\boldsymbol{K}-\lambda_i\boldsymbol{M})\frac{\partial\,\boldsymbol{u}_i}{\partial\alpha}=-\left(\frac{\partial\boldsymbol{K}}{\partial\alpha}-\frac{\partial\lambda_i}{\partial\alpha}\boldsymbol{M}-\lambda_i\frac{\partial\boldsymbol{M}}{\partial\alpha}\right)\boldsymbol{u}_i \tag{2.24}$$

将式(2.18)代入上式，两边左乘 Φ

$$\Phi\boldsymbol{K}\left(\frac{\partial\,\boldsymbol{u}_i^1}{\partial\alpha}+\frac{\partial\,\boldsymbol{u}_i^2}{\partial\alpha}\right)-\lambda_i\Phi\boldsymbol{M}\left(\frac{\partial\,\boldsymbol{u}_i^1}{\partial\alpha}+\frac{\partial\,\boldsymbol{u}_i^2}{\partial\alpha}\right)=\Phi\boldsymbol{F}_i \tag{2.25}$$

再利用特征向量的正交性和归一化条件

$$\boldsymbol{U}^{2\mathrm{T}}\boldsymbol{M}\boldsymbol{U}^1=0\quad\boldsymbol{U}^{1\mathrm{T}}\boldsymbol{M}\boldsymbol{U}^1=I_1 \tag{2.26}$$

有

$$\left.\begin{aligned}&\Phi\boldsymbol{K}\frac{\partial\boldsymbol{u}_i^1}{\partial\alpha}=\Phi\boldsymbol{K}\boldsymbol{U}^1C_1=(\boldsymbol{K}^{-1}-\boldsymbol{U}^1\Lambda_1^{-1}\boldsymbol{U}^{1\mathrm{T}})\boldsymbol{K}\boldsymbol{U}^1C_1=\boldsymbol{U}^1C_1-\boldsymbol{U}^1\Lambda_1^{-1}\Lambda_1C_1=0\\&\Phi\boldsymbol{K}\frac{\partial\boldsymbol{u}_i^2}{\partial\alpha}=\Phi\boldsymbol{K}\boldsymbol{U}^2C_2=\boldsymbol{U}^2\Lambda_2^{-1}\boldsymbol{U}^{2\mathrm{T}}K\boldsymbol{U}^2C_2=\boldsymbol{U}^2C_2=\frac{\partial\boldsymbol{u}_i^2}{\partial\alpha}\\&\Phi\boldsymbol{M}\frac{\partial\boldsymbol{u}_i^1}{\partial\alpha}=\Phi\boldsymbol{M}\boldsymbol{U}^1C_1=\boldsymbol{U}^2\Lambda_2^{-1}\boldsymbol{U}^{2\mathrm{T}}M\boldsymbol{U}^1C_1=0\end{aligned}\right\}\tag{2.27}$$

此时,式(2.25)式可转化为

$$(\boldsymbol{I}-\lambda_i\Phi\boldsymbol{M})\frac{\partial\boldsymbol{u}_i^2}{\partial\alpha}=\Phi\boldsymbol{F}_i\tag{2.28}$$

令

$$\overline{\boldsymbol{M}_i}=\lambda_i\Phi M\tag{2.29}$$

上式两边右乘 $\boldsymbol{U}^1$,得

$$\overline{\boldsymbol{M}_i}\boldsymbol{U}^1=\lambda_i\Phi\boldsymbol{M}\boldsymbol{U}^1=\lambda_i(\boldsymbol{K}^{-1}-\boldsymbol{U}^1\Lambda_1^{-1}\boldsymbol{U}^{1\mathrm{T}})\boldsymbol{M}\boldsymbol{U}^1=\lambda_i(\boldsymbol{K}^{-1}\boldsymbol{M}\boldsymbol{U}^1-\boldsymbol{U}^1\Lambda_1^{-1})=0\tag{2.30}$$

式(2.29)两端右乘 $\boldsymbol{U}^2$ 得

$$\overline{\boldsymbol{M}_i}\boldsymbol{U}^2=\lambda_i\Phi\boldsymbol{M}\boldsymbol{U}^2=\lambda_i\boldsymbol{U}^2\Lambda_2^{-1}\boldsymbol{U}^{2\mathrm{T}}\boldsymbol{M}\boldsymbol{U}^2=\boldsymbol{U}^2\begin{bmatrix}\lambda_i/\lambda_{m+1}&&&\\&\lambda_i/\lambda_{m+2}&&\\&&\ddots&\\&&&\lambda_i/\lambda_n\end{bmatrix}\tag{2.31}$$

由式(2.30)、(2.31)可知,$\boldsymbol{U}^1$、$\boldsymbol{U}^2$ 也为$\overline{\boldsymbol{M}_i}$ 矩阵的特征向量,$\boldsymbol{U}^1$ 对应的特征值都为零,$\boldsymbol{U}^2$ 对应的特征值分别为 $\lambda_i/\lambda_{m+1},\lambda_i/\lambda_{m+2},\cdots,\lambda_i/\lambda_n$。由于 $0\leqslant\lambda_1<\lambda_2<\cdots<\lambda_n$,且 $\lambda_i<\lambda_{m+1}$,因此$\overline{\boldsymbol{M}_i}$ 矩阵的最大特征值为$\dfrac{\lambda_i}{\lambda_{m+1}}<1$;显然$\overline{\boldsymbol{M}_i}$ 的谱半径为$\rho(\overline{\boldsymbol{M}_i})=\dfrac{\lambda_i}{\lambda_{m+1}}<1$。

由 Neumann 矩阵级数定义[194]:当且仅当矩阵$\overline{\boldsymbol{M}_i}$ 的谱半径 $\rho(\overline{\boldsymbol{M}_i})<1$ 时,下式矩阵的逆可由级数展开精确表示为

$$(\boldsymbol{I}-\overline{\boldsymbol{M}_i})^{-1}=\sum_{k=0}^{\infty}\overline{\boldsymbol{M}_i^k}\tag{2.32}$$

由此可将式(2.28)变成

$$\frac{\partial\boldsymbol{u}_i^2}{\partial\alpha}=\sum_{k=0}^{\infty}\overline{\boldsymbol{M}_i^k}\Phi\boldsymbol{F}_i\tag{2.33}$$

只要 k 取得足够大,上式就能得到足够精度的$\dfrac{\partial\boldsymbol{u}_i^2}{\partial\alpha}$值。再由式(2.18)便可获

得高精度的已知模态的特征向量一阶灵敏度。而且根据 Neumann 矩阵级数的性质，当$\overline{\boldsymbol{M}}_l$ 矩阵的谱半径$\rho(\overline{\boldsymbol{M}}_l)$越小时，式(2.33)收敛的速度就越快，这对加快低阶特征向量的灵敏度分析非常有利。

2.3.1.2 Wang B. P 修正模态法

为了改进截尾误差精度，Wang B. P. 提出了一种用低阶模态来近似未知模态贡献的方法，我们称为 Wang B. P. 方法[25]。

将式(2.8)改写为如下形式

$$\frac{\partial \boldsymbol{u}_i}{\partial \alpha} = \sum_{j=1}^{m} c_j \boldsymbol{u}_j + \boldsymbol{S}_R \tag{2.34}$$

其中，

$$\boldsymbol{S}_R = \sum_{j=m+1}^{n} c_j \boldsymbol{u}_j \tag{2.35}$$

将式(2.9)代入上式得

$$\boldsymbol{S}_R = \sum_{j=m+1}^{n} \frac{1}{\lambda_j - \lambda_i} \boldsymbol{u}_j^{\mathrm{T}} \boldsymbol{F}_i \boldsymbol{u}_i \tag{2.36}$$

如果 $\lambda_i \ll \lambda_{m+1}$，则上式可近似表示为

$$\boldsymbol{S}_R \approx \sum_{j=m+1}^{n} \frac{1}{\lambda_j} \boldsymbol{u}_j^{\mathrm{T}} \boldsymbol{F}_i \boldsymbol{u}_j = \sum_{j=1}^{n} \frac{1}{\lambda_j} \boldsymbol{u}_j^{\mathrm{T}} \boldsymbol{F}_i \boldsymbol{u}_j - \sum_{j=1}^{m} \frac{1}{\lambda_j} \boldsymbol{u}_j^{\mathrm{T}} \boldsymbol{F}_i \boldsymbol{u}_j \tag{2.37}$$

上式右侧第一项可近似表示为

$$\sum_{j=1}^{n} \frac{1}{\lambda_j} \boldsymbol{u}_j^{\mathrm{T}} \boldsymbol{F}_i \boldsymbol{u}_j = \boldsymbol{K}^{-1} \boldsymbol{F}_i \tag{2.38}$$

这样未知的高阶模态对$\dfrac{\partial \boldsymbol{u}_i}{\partial \alpha}$的贡献$\boldsymbol{S}_R$ 可近似表达为

$$\boldsymbol{S}_R \approx \boldsymbol{H}_0 - \boldsymbol{W}_0 \tag{2.39}$$

其中，

$$\boldsymbol{H}_0 = \boldsymbol{K}^{-1} \boldsymbol{F}_i \tag{2.40}$$

$$\boldsymbol{W}_0 = \sum_{j=1}^{m} \frac{1}{\lambda_j} \boldsymbol{u}_j^{\mathrm{T}} \boldsymbol{F}_i \boldsymbol{u}_j \tag{2.41}$$

该方法虽然把高阶模态的贡献近似的用低阶模态表示出来，使得式(2.34)的精度有所提高，但提高精度的唯一途径是增加参与叠加的低阶模态数目，即增大 m。当 m 比较小时，这种方法的误差就比较大。因此又发展了一种更为精确的方法——高精度截尾模态展开法。

2.3.1.3 高精度截尾模态展开法

该方法[195]的本质就是用已知的低阶模态和系统矩阵 K、M 来精确表达 S_R。首先把式(2.36)表达为矩阵形式

$$\boldsymbol{S}_R = \boldsymbol{U}^h (\Lambda^h - \lambda_i \boldsymbol{I})^{-1} \boldsymbol{U}^{h\mathrm{T}} \boldsymbol{F}_i \tag{2.42}$$

其中，$\boldsymbol{U}^h$ 是未知的高阶模态矩阵，维数为 $n\times(n-m)$，它的列向量就是高阶特征向量。

$$\boldsymbol{U}^h = [\boldsymbol{u}_{m+1}, \boldsymbol{u}_{m+2}, \cdots, \boldsymbol{u}_n] \tag{2.43}$$

Λ^h 是未知的高阶特征值对角阵

$$\Lambda^h = \mathrm{diag}(\lambda_{m+1}, \lambda_{m+1}, \cdots, \lambda_n) \tag{2.44}$$

由于$\boldsymbol{U}^h$ 和 Λ^h 均是未知量，所以式(2.42)不能直接求解，这里采用把 $I(\Lambda^h - \lambda_i \boldsymbol{I})^{-1}$展成级数方法

$$\begin{aligned}(\Lambda^h - \lambda_i \boldsymbol{I})^{-1} &= [\Lambda^h(\boldsymbol{I} - \lambda_i(\Lambda^h)^{-1})]^{-1} \\ &= (\Lambda^h)^{-1} - \lambda_i(\Lambda^h)^{-2} - \lambda_i^2(\Lambda^h)^{-3} - \cdots\end{aligned} \tag{2.45}$$

由于 $\lambda_i < \lambda_{m+1}$，所以级数式(2.45)是收敛的。

将式(2.45)代入式(2.42)式并整理得

$$\begin{aligned}\boldsymbol{S}_R &= \boldsymbol{U}^h(\Lambda^h)^{-1}\boldsymbol{U}^{h\mathrm{T}}\boldsymbol{F}_i + \lambda_i \boldsymbol{U}^h(\Lambda^h)^{-2}\boldsymbol{U}^{h\mathrm{T}}\boldsymbol{F}_i + \\ &\quad \lambda_i^2 \boldsymbol{U}^h(\Lambda^h)^{-3}\boldsymbol{U}^{h\mathrm{T}}\boldsymbol{F}_i \\ &= \sum_{j=0}^{\infty} \lambda_i^j \boldsymbol{U}^h(\Lambda^h)^{-j-1}\boldsymbol{U}^{h\mathrm{T}}\boldsymbol{F}_i\end{aligned} \tag{2.46}$$

下面我们用已知的低阶模态和系统矩阵 $\boldsymbol{K}$、$\boldsymbol{M}$ 来表达上式中的一般项 $\boldsymbol{U}^h(\Lambda^h)^{-j-1}\boldsymbol{U}^{h\mathrm{T}}\boldsymbol{F}_i$。

将系统的特征值问题写成矩阵形式

$$\boldsymbol{K}[\boldsymbol{U}^m \vdots \boldsymbol{U}^h] = \boldsymbol{M}[\boldsymbol{U}^m \vdots \boldsymbol{U}^h]\mathrm{diag}(\Lambda^m, \Lambda^h) \tag{2.47}$$

$$[\boldsymbol{U}^m \vdots \boldsymbol{U}^h]^{\mathrm{T}}\boldsymbol{K}[\boldsymbol{U}^m \vdots \boldsymbol{U}^h] = I \tag{2.48}$$

其中，$\boldsymbol{U}^m = [\boldsymbol{u}_1, \boldsymbol{u}_2, \cdots, \boldsymbol{u}_m]$，　$\Lambda^m = \mathrm{diag}(\lambda_1, \lambda_2, \cdots, \lambda_m)$

在式(2.47)两端左乘$[\boldsymbol{U}^m \vdots \boldsymbol{U}^h]^{\mathrm{T}}$ 得

$$[\boldsymbol{U}^m \vdots \boldsymbol{U}^h]^{\mathrm{T}}\boldsymbol{K}[\boldsymbol{U}^m \vdots \boldsymbol{U}^h] = \mathrm{diag}(\Lambda^m, \Lambda^h) \tag{2.49}$$

对上式两侧取逆并整理得

$$\boldsymbol{K}^{-1} = [\boldsymbol{U}^m \vdots \boldsymbol{U}^h]\mathrm{diag}((\Lambda^m)^{-1}, (\Lambda^h)^{-1})[\boldsymbol{U}^m \vdots \boldsymbol{U}^h]^{\mathrm{T}} \tag{2.50}$$

则由上式可得

$$\boldsymbol{U}^h(\Lambda^h)^{-1}\boldsymbol{U}^{h\mathrm{T}} = \boldsymbol{K}^{-1} - \boldsymbol{U}^m(\Lambda^m)^{-1}\boldsymbol{U}^{m\mathrm{T}} \tag{2.51}$$

用 $\boldsymbol{MK}^{-1}$右乘式(2.50)的两端，然后再利用式(2.48)得

$$\boldsymbol{U}^h(\Lambda^h)^{-2}\boldsymbol{U}^{h\mathrm{T}} = \boldsymbol{K}^{-1}\boldsymbol{MK}^{-1} - \boldsymbol{U}^m(\Lambda^m)^{-2}\boldsymbol{U}^{m\mathrm{T}} \tag{2.52}$$

依此方法，可得到一般表达式为

$$\boldsymbol{U}^h(\Lambda^h)^{-j-1}\boldsymbol{U}^{h\mathrm{T}} = \boldsymbol{K}^{-1}\underbrace{(\boldsymbol{MK}^{-1})(\boldsymbol{MK}^{-1})\cdots(\boldsymbol{MK}^{-1})}_{j} - \boldsymbol{U}^m(\Lambda^m)^{-j-1}\boldsymbol{U}^{m\mathrm{T}} \quad j \geqslant 0 \tag{2.53}$$

将上式代入式(2.46)得

$$\boldsymbol{S}_R = \sum_{j=0}^{\infty} \lambda_i^j (\boldsymbol{H}_j - \boldsymbol{W}_j) \tag{2.54}$$

其中，

$$\boldsymbol{H}_j = \boldsymbol{K}^{-1} \underbrace{(\boldsymbol{MK}^{-1})(\boldsymbol{MK}^{-1})\cdots(\boldsymbol{MK}^{-1})}_{j} \boldsymbol{F}_i \quad j \geqslant 0 \tag{2.55}$$

$$\boldsymbol{W}_i = \boldsymbol{U}^m (\Lambda^m)^{-j-1} \boldsymbol{U}^{m\mathrm{T}} \boldsymbol{F}_i \quad j \geqslant 0 \tag{2.56}$$

这样就实现了用已知模态和系统矩阵精确表达 $\boldsymbol{S}_R$ 的目的。

在计算$\boldsymbol{H}_j$ 的时候，我们一般采用下面的迭代格式

$$\left.\begin{aligned} \boldsymbol{H}_0 &= \boldsymbol{K}^{-1} \boldsymbol{F}_i \\ \boldsymbol{G}_{j-1} &= \boldsymbol{MH}_{j-1}, j \geqslant 1 \\ \boldsymbol{H}_j &= \boldsymbol{K}^{-1} \boldsymbol{G}_{j-1} \end{aligned}\right\} \tag{2.57}$$

如果将$\boldsymbol{S}_R(k)$定义为

$$\boldsymbol{S}_R(k) = \sum_{j=0}^{k} \lambda_h^j (\boldsymbol{H}_j - \boldsymbol{W}_j) \tag{2.58}$$

那么，可按下式对级数(2.54)进行截断

$$\| \boldsymbol{S}_R(k) - \boldsymbol{S}_R(k-1) \|_2 \leqslant \varepsilon \tag{2.59}$$

其中，ε 是事先指定的精度指标。

如果我们只保留级数式(2.54)的第一项，略去其他各项，它就等效于 Wang B. P 方法，可见 Wang B. P. 方法是该方法的特例。而且，该算法可以通过适当选定 ε 来人为控制，即通过增加参与运算的级数项数满足指定的要求。

2.3.2 迭代模态法

文献[119]对模态展开法作了进一步的改进，提出一种新的迭代模态法。它将方程(2.1)的导数式改写成

$$\boldsymbol{K} \frac{\partial \boldsymbol{u}_i}{\partial \alpha_j} = \lambda_i \boldsymbol{M} \frac{\partial \boldsymbol{u}_i}{\partial \alpha_j} + b_j \tag{2.60}$$

这样，就可以构造迭代计算公式

$$\begin{cases} \boldsymbol{K} Z_s = \lambda_i \boldsymbol{M} Z_{s-1} + b_i \\ Z_0 = 0 \end{cases} \quad s = 1,2,\cdots \tag{2.61}$$

和 s 次迭代解

$$Z_s = \boldsymbol{K}^{-1} \sum_{l=1}^{s} (\lambda_i \boldsymbol{M} \boldsymbol{K}^{-1})^{l-1} b_i \tag{2.62}$$

从上式可得

$$(\boldsymbol{K} - \lambda_i \boldsymbol{M}) Z_s = [\boldsymbol{I} - (\lambda_i \boldsymbol{MK}^{-1})^s] b_i \tag{2.63}$$

又根据

$$\boldsymbol{u}_i^{\mathrm{T}} = \boldsymbol{u}_i^{\mathrm{T}}(\lambda_i \boldsymbol{M}\boldsymbol{K}^{-1}) \quad \boldsymbol{u}_i^{\mathrm{T}} b_i = 0 \tag{2.64}$$

可得

$$\boldsymbol{u}_i^{\mathrm{T}} \boldsymbol{M} Z_s = \frac{1}{\lambda_i} \sum_{i=1}^{s} \boldsymbol{u}_i^{\mathrm{T}} (\lambda_i \boldsymbol{M}\boldsymbol{K}^{-1})^l b_j = \frac{s}{\lambda_i} \boldsymbol{u}_i^{\mathrm{T}} b_j = 0 \tag{2.65}$$

由式(2.63)和式(2.65),方程组可以转化为以下等价方程

$$(\boldsymbol{K} - \lambda_i \boldsymbol{M})\left(\frac{\partial \boldsymbol{u}_i}{\partial \alpha_j} - Z_s\right) = \lambda_i^s (\boldsymbol{M}\boldsymbol{K}^{-1})^s b_i \tag{2.66}$$

$$\boldsymbol{u}_i^{\mathrm{T}} \boldsymbol{M}\left(\frac{\partial \boldsymbol{u}_i}{\partial \alpha_j} - Z_s\right) = -\frac{1}{2} \boldsymbol{u}_i^{\mathrm{T}} \frac{\partial \boldsymbol{M}}{\partial \alpha_j} \boldsymbol{u}_i \tag{2.67}$$

以上方程组的解可表示为特征向量的线性组合

$$\left(\frac{\partial \boldsymbol{u}_i}{\partial \alpha_j} - Z_s\right) = \sum_{k=1}^{n} B_{ijk} \boldsymbol{u}_k \tag{2.68}$$

即

$$\frac{\partial \boldsymbol{u}_i}{\partial \alpha_j} = Z_s + \sum_{k=1}^{n} B_{ijk} \boldsymbol{u}_k \tag{2.69}$$

将式(2.68)代入方程(2.66)和(2.67),求得待定系数

$$B_{ijk} = \begin{cases} \left(\dfrac{\lambda_i}{\lambda_k}\right)^s \dfrac{\boldsymbol{u}_k^{\mathrm{T}} \left(\dfrac{\partial \boldsymbol{K}}{\partial \alpha_j} - \lambda_i \dfrac{\partial \boldsymbol{M}}{\partial \alpha_j}\right) \boldsymbol{u}_i}{\lambda_i - \lambda_k} & k \neq i \\ -\dfrac{1}{2} \boldsymbol{u}_i^{\mathrm{T}} \dfrac{\partial \boldsymbol{M}}{\partial \alpha_j} \boldsymbol{u}_i & k = i \end{cases} \tag{2.70}$$

由式(2.62)、(2.69)和(2.70)组成的方法称之为迭代模态法。当 $s=0$ 时,是经典的模态法,当 $s=1$ 时,是前面所介绍的修正模态法。

2.4　子结构实模态灵敏度综合法

在进行大型复杂结构的灵敏度分析时将花费巨大的人力物力,为降低参加运算的矩阵规模,减少计算量,人们开始考虑将整体结构划分成多个子结构进行灵敏度分析的综合法。

子结构(部件)模态综合法,又名动态子结构方法,是 Nelson 法的一种。它采用动力凝聚技术把大型复杂结构划分为若干子结构,先分析各子结构的动力特性,保留其低阶主要模态信息,然后再通过各子结构交界面的协调关系,组装成整体结构的动力学特性。由于模态缩聚以后的质量、刚度矩阵对 $(\overline{\boldsymbol{M}},\overline{\boldsymbol{K}})$ 远小于缩聚以前整体结构的质量、刚度矩阵对 $(\boldsymbol{M},\boldsymbol{K})$,所以整体结构自由度得以减

少，减轻了大型复杂结构动力问题的计算量。Heo[196]和许谭[197]将子结构模态综合法和 Nelson 法相结合，解决了简单特征值所对应的特征对灵敏度分析问题。文献[198]从子模型 $(\overline{\boldsymbol{M}},\overline{\boldsymbol{K}})$的矩阵出发，应用固定界面子结构模态综合技术，推导了特征灵敏度的一般表达法。

设子结构特征方程

$$\overline{\boldsymbol{K}}\overline{\boldsymbol{u}}_i-\overline{\lambda}_i\overline{\boldsymbol{M}}\overline{\boldsymbol{u}}_i=0 \tag{2.71}$$

$\overline{\boldsymbol{u}}_i$ 和$\overline{\lambda}_i$ 是方程的特征解，并满足归一化条件

$$\overline{\boldsymbol{u}}_i^{\mathrm{T}}\overline{\boldsymbol{M}}\overline{\boldsymbol{u}}_i=1 \tag{2.72}$$

其中，$i=1,2,\cdots,N$。

引入关于$\overline{\lambda}_i$ 的频移刚度矩阵

$$\overline{\boldsymbol{k}}=\overline{\boldsymbol{K}}-\overline{\lambda}_i\overline{\boldsymbol{M}} \tag{2.73}$$

则方程(2.71)变为

$$\overline{\boldsymbol{k}}\cdot\overline{\boldsymbol{u}}_i=0 \tag{2.74}$$

$\overline{\boldsymbol{k}}$对参数 α 的各阶导数为

$$\frac{\partial\overline{\boldsymbol{k}}}{\partial\alpha}=\frac{\partial\overline{\boldsymbol{K}}}{\partial\alpha}-\frac{\partial(\overline{\lambda}_i\overline{\boldsymbol{M}})}{\partial\alpha} \tag{2.75}$$

$$\frac{\partial^{(2)}\overline{\boldsymbol{k}}}{\partial\alpha^{(2)}}=\frac{\partial^{(2)}\overline{\boldsymbol{K}}}{\partial\alpha^{(2)}}-\frac{\partial^{2}(\overline{\lambda}_i\overline{\boldsymbol{M}})}{\partial\alpha^{(2)}} \tag{2.76}$$

$$\frac{\partial^{(j)}\overline{\boldsymbol{k}}}{\partial\alpha^{(j)}}=\frac{\partial^{(j)}\overline{\boldsymbol{K}}}{\partial\alpha^{(j)}}-\frac{\partial^{(j)}(\overline{\lambda}_i\overline{\boldsymbol{M}})}{\partial\alpha^{(j)}},j=3,4,\cdots \tag{2.77}$$

对广义特征值问题式(2.74)关于设计参数 α 求 n 阶导得

$$\frac{\partial^{(n)}(\overline{\boldsymbol{k}}\cdot\overline{\boldsymbol{u}}_i)}{\partial\alpha^{(n)}}=0 \tag{2.78}$$

由 Leibniz 公式[194]得：

$$\sum_{j=0}^{n}\mathrm{C}_n^j\frac{\partial^{(j)}(\overline{\boldsymbol{k}})}{\partial\alpha^{(j)}}\frac{\partial^{(n-j)}(\overline{\boldsymbol{u}}_i)}{\partial\alpha^{(n-j)}}=0 \tag{2.79}$$

其中，C_n^j 是从 n 个元素中取 $j\,(0\leqslant j\leqslant n)$个元素组成一组的组合数

$$\mathrm{C}_n^j=\frac{n!}{j!(n-j)!} \tag{2.80}$$

又

$$\begin{aligned}\frac{\partial^{(j)}\overline{\boldsymbol{k}}}{\partial\alpha^{(j)}}&=\frac{\partial^{(j)}\overline{\boldsymbol{k}}}{\partial\alpha^{(j)}}-\frac{\partial^{(j)}\overline{\lambda}_i\overline{\boldsymbol{k}}}{\partial\alpha^{(j)}}=\frac{\partial^{(j)}\overline{\boldsymbol{k}}}{\partial\alpha^{(j)}}-\sum_{i=0}^{j}\mathrm{C}_j^i\frac{\partial^{(j)}\overline{\lambda}_i}{\partial\alpha^{(j)}}\frac{\partial^{(j-i)}\overline{\boldsymbol{M}}}{\partial\alpha^{(j-i)}}\\&=\overline{\boldsymbol{k}}_{j\alpha}-\sum_{i=1}^{j}\mathrm{C}_j^i\frac{\partial^{(j)}\overline{\lambda}_i}{\partial\alpha^{(j)}}\frac{\partial^{(j-i)}\overline{\boldsymbol{M}}}{\partial\alpha^{(j-i)}}\end{aligned} \tag{2.81}$$

将式(2.81)代入(2.79)得

$$\sum_{j=0}^{n} C_n^j \left(\bar{\boldsymbol{k}}_{j\alpha} - \sum_{i=0}^{j} C_j^i \frac{\partial^{(i)} \bar{\lambda}_i}{\partial \alpha^{(i)}} \frac{\partial^{(j-i)} \overline{\boldsymbol{M}}}{\partial \alpha^{(j-i)}} \right) \frac{\partial^{(n-j)} \bar{\boldsymbol{x}}_i}{\partial \alpha^{(n-j)}} = 0 \tag{2.82}$$

整理可得

$$\sum_{j=1}^{n-1} C_n^j \left(\bar{\boldsymbol{k}}_{j\alpha} \frac{\partial^{(n-j)} \bar{\boldsymbol{x}}_i}{\partial \alpha^{(n-j)}} - \sum_{i=1}^{j} C_j^i \frac{\partial^{(i)} \bar{\lambda}_i}{\partial \alpha^{(i)}} \frac{\partial^{(j-i)} \overline{\boldsymbol{M}}}{\partial \alpha^{(j-i)}} \frac{\partial^{(n-j)} \bar{\boldsymbol{x}}_i}{\partial \alpha^{(n-j)}} \right) +$$
$$\bar{\boldsymbol{k}}_{n\alpha} \bar{\boldsymbol{x}}_i - \sum_{i=1}^{n-1} C_n^i \frac{\partial^{(i)} \bar{\lambda}_i}{\partial \alpha^{(i)}} \frac{\partial^{(n-i)} \overline{\boldsymbol{M}}}{\partial \alpha^{(ni)}} \bar{\boldsymbol{x}}_i - \frac{\partial^{(n)} \bar{\lambda}_i}{\partial \alpha^{(n)}} \overline{\boldsymbol{M}} \bar{\boldsymbol{x}}_i + \bar{\boldsymbol{k}} \frac{\partial^{(n)} \bar{\boldsymbol{x}}_i}{\partial \alpha^{(n)}} = 0 \tag{2.83}$$

上式又可写为

$$\bar{\boldsymbol{k}} \frac{\partial^{(n)} \bar{\boldsymbol{x}}_i}{\partial \alpha^{(n)}} = - \sum_{j=1}^{n-1} C_n^j \left[\bar{\boldsymbol{k}}_{j\alpha} \frac{\partial^{(n-j)} \bar{\boldsymbol{x}}_i}{\partial \alpha^{(n-j)}} - \sum_{i=1}^{j} C_j^i \frac{\partial^{(i)} \bar{\lambda}_i}{\partial \alpha^{(i)}} \frac{\partial^{(j-i)} \overline{\boldsymbol{M}}}{\partial \alpha^{(j-1)}} \frac{\partial^{(n-j)} \bar{\boldsymbol{x}}_i}{\partial \alpha^{(n-j)}} \right] -$$
$$\bar{\boldsymbol{k}}_{n\alpha} \bar{\boldsymbol{x}}_i + \sum_{i=1}^{n-1} C_n^i \frac{\partial^{(i)} \bar{\lambda}_i}{\partial \alpha^{(i)}} \frac{\partial^{(n-i)} \overline{\boldsymbol{M}}}{\partial \alpha^{(n-i)}} \bar{\boldsymbol{x}}_i + \frac{\partial^{(n)} \bar{\lambda}_i}{\partial \alpha^{(n)}} \overline{\boldsymbol{M}} \bar{\boldsymbol{x}}_i \tag{2.84}$$

进而得出

$$\bar{\boldsymbol{k}} \frac{\partial^{(n)} (\bar{\boldsymbol{u}}_i)}{\partial \alpha^{(n)}} = \boldsymbol{F}_n \tag{2.85}$$

其中,

$$\boldsymbol{F}_n = \sum_{j=1}^{n-1} C_n^j \left[\sum_{i=1}^{j} C_j^i \frac{\partial^{(i)} (\bar{\lambda}_i)}{\partial \alpha^{(i)}} \frac{\partial^{(j-i)} (\overline{\boldsymbol{M}})}{\partial \alpha^{(j-1)}} \frac{\partial^{(n-j)} (\bar{\boldsymbol{u}}_i)}{\partial \alpha^{(n-j)}} - \bar{\boldsymbol{k}}_{j\alpha} \frac{\partial^{(n-j)} (\bar{\boldsymbol{u}}_i)}{\partial \alpha^{(n-j)}} \right] -$$
$$\bar{\boldsymbol{k}}_{n\alpha} \bar{\boldsymbol{u}}_i + \sum_{i=1}^{n-1} C_n^i \frac{\partial^{(i)} (\bar{\lambda}_i)}{\partial \alpha^{(i)}} \frac{\partial^{(n-i)} (\overline{\boldsymbol{M}})}{\partial \alpha^{(n-i)}} \bar{\boldsymbol{u}}_i + \frac{\partial^{(n)} (\bar{\lambda}_i)}{\partial \alpha^{(n)}} \overline{\boldsymbol{M}} \bar{\boldsymbol{u}}_i \tag{2.86}$$

上式就是子结构 n 阶灵敏度综合法的控制方程。

为得到子结构 n 阶灵敏度综合的一般表达式将方程式(2.85)改写成:

$$\bar{\boldsymbol{k}} \frac{\partial^{(n)} (\bar{\boldsymbol{u}}_i)}{\partial \alpha^{(n)}} = \boldsymbol{Q}_n + \frac{\partial^{(n)} (\bar{\lambda}_i)}{\partial \alpha^{(n)}} \overline{\boldsymbol{M}} \bar{\boldsymbol{u}}_i \tag{2.87}$$

其中,

$$\boldsymbol{Q}_n = \sum_{j=1}^{n-1} C_n^j \left[\sum_{i=1}^{j} C_j^i \frac{\partial^{(i)} (\bar{\lambda}_i)}{\partial \alpha^{(i)}} \frac{\partial^{(j-i)} (\overline{\boldsymbol{M}})}{\partial \alpha^{(j-i)}} \frac{\partial^{(n-j)} (\bar{\boldsymbol{u}}_i)}{\partial \alpha^{(n-j)}} - \bar{\boldsymbol{k}}_{j\alpha} \frac{\partial^{(n-j)} (\bar{\boldsymbol{u}}_i)}{\partial \alpha^{(n-j)}} \right] -$$
$$\bar{\boldsymbol{k}}_{n\alpha} \bar{\boldsymbol{u}}_i + \sum_{i=1}^{n-1} C_n^i \frac{\partial^{(i)} (\bar{\lambda}_i)}{\partial \alpha^{(i)}} \frac{\partial^{(n-i)} (\overline{\boldsymbol{M}})}{\partial \alpha^{(n-i)}} \bar{\boldsymbol{u}}_i \tag{2.88}$$

式(2.87)左乘$\bar{\boldsymbol{u}}_i^{\mathrm{T}}$,考虑非齐次线性方程组的有解条件和归一化条件$\bar{\boldsymbol{u}}_i^{\mathrm{T}} \overline{\boldsymbol{M}} \bar{\boldsymbol{u}}_i = 1$,可以得到

$$\frac{\partial^{(n)}(\bar{\lambda}_i)}{\partial\alpha^{(n)}}=-\bar{\boldsymbol{u}}_i^{\mathrm{T}}\boldsymbol{Q}_n \tag{2.89}$$

根据线性方程组的一般理论，非齐次线性方程组的解是由对应齐次线性方程组的通解和非齐次线性方程组的一个特解组成。故方程(2.87)的解可以表示成

$$\frac{\partial^{(n)}(\bar{\boldsymbol{u}}_i)}{\partial\alpha^{(n)}}=\boldsymbol{W}_n^*+d_i^n\bar{\boldsymbol{u}}_i \tag{2.90}$$

其中方程特解

$$\boldsymbol{W}_n^*=\bar{\boldsymbol{k}}_e^{\{1\}}\boldsymbol{F}_n \tag{2.91}$$

$\bar{\boldsymbol{k}}_e^{\{1\}}$ 是 $\bar{\boldsymbol{k}}$ 的约束广义逆。

为确定系数 d_i^n，需要对归一化条件(2.72)关于设计参数 α 求 n 阶偏导。

$$\begin{aligned}
&\frac{\partial^{(n)}(\bar{\boldsymbol{u}}_i^{\mathrm{T}}\overline{\boldsymbol{M}}\bar{\boldsymbol{u}}_i)}{\partial\alpha^{(n)}}\\
&=\sum_{j=0}^{n}\mathrm{C}_n^j\frac{\partial^{(j)}(\bar{\boldsymbol{u}}_i^{\mathrm{T}}\overline{\boldsymbol{M}})}{\partial\alpha^{(j)}}\frac{\partial^{(n-j)}(\bar{\boldsymbol{u}}_i)}{\partial\alpha^{(n-j)}}\\
&=\sum_{j=0}^{n}\mathrm{C}_n^j\left[\sum_{i=0}^{j}\mathrm{C}_j^i\frac{\partial^{(i)}(\bar{\boldsymbol{u}}_i^{\mathrm{T}})}{\partial\alpha^{(i)}}\frac{\partial^{(j-i)}(\overline{\boldsymbol{M}})}{\partial\alpha^{(j-i)}}\right]\frac{\partial^{(n-j)}(\bar{\boldsymbol{u}}_i)}{\partial\alpha^{(n-j)}}\\
&=\sum_{j=1}^{n-1}\mathrm{C}_n^j\left[\sum_{i=0}^{j}\mathrm{C}_j^i\frac{\partial^{(i)}(\bar{\boldsymbol{u}}_i^{\mathrm{T}})}{\partial\alpha^{(i)}}\frac{\partial^{(j-i)}(\overline{\boldsymbol{M}})}{\partial\alpha^{(j-i)}}\right]\frac{\partial^{(n-j)}(\bar{\boldsymbol{u}}_i)}{\partial\alpha^{(n-j)}}+\\
&\quad\sum_{i=1}^{n-1}\mathrm{C}_n^i\frac{\partial^{(i)}(\bar{\boldsymbol{u}}_i^{\mathrm{T}})}{\partial\alpha^{(i)}}\frac{\partial^{(n-i)}(\overline{\boldsymbol{M}})}{\partial\alpha^{(n-i)}}\bar{\boldsymbol{u}}_i+\\
&\quad 2\frac{\partial^{(n)}(\bar{\boldsymbol{u}}_i^{\mathrm{T}})}{\partial\alpha^{(n)}}\overline{\boldsymbol{M}}\bar{\boldsymbol{u}}_i+\bar{\boldsymbol{u}}_i^{\mathrm{T}}\frac{(\partial^{(n)}\overline{\boldsymbol{M}})}{\partial\alpha^{(n)}}\bar{\boldsymbol{u}}_i\\
&=0
\end{aligned} \tag{2.92}$$

将式(2.90)代入上式：

$$\begin{gathered}
\sum_{j=1}^{n-1}\mathrm{C}_n^j\left[\sum_{i=0}^{j}\mathrm{C}_j^i\frac{\partial^{(i)}(\bar{\boldsymbol{u}}_i^{\mathrm{T}})}{\partial\alpha^{(i)}}\frac{\partial^{(j-i)}(\overline{\boldsymbol{M}})}{\partial\alpha^{(j-i)}}\right]\frac{\partial^{(n-j)}(\bar{\boldsymbol{u}}_i)}{\partial\alpha^{(n-j)}}+\\
\sum_{i=1}^{n-1}\mathrm{C}_n^i\frac{\partial^{(i)}(\bar{\boldsymbol{u}}_i^{\mathrm{T}})}{\partial\alpha^{(i)}}\frac{\partial^{(n-i)}(\overline{\boldsymbol{M}})}{\partial\alpha^{(n-i)}}\bar{\boldsymbol{u}}_i+2(\boldsymbol{W}_n^*+d_i^n\bar{\boldsymbol{u}}_i)\overline{\boldsymbol{M}}\bar{\boldsymbol{u}}_i+\\
\bar{\boldsymbol{u}}_i^{\mathrm{T}}\frac{\partial^{(n)}(\overline{\boldsymbol{M}})}{\partial\alpha^{(n)}}\bar{\boldsymbol{u}}_i=0
\end{gathered} \tag{2.93}$$

又由于

$$\boldsymbol{W}_n^*\overline{\boldsymbol{M}}\bar{\boldsymbol{u}}_i=0 \tag{2.94}$$

则有

$$\sum_{j=1}^{n-1} d_i^n = -\frac{1}{2}\sum_{j=1}^{n-1}\mathrm{C}_n^j\left[\sum_{i=0}^{j}\mathrm{C}_j^i\frac{\partial^{(i)}(\bar{\boldsymbol{u}}_i^{\mathrm{T}})}{\partial\alpha^{(i)}}\frac{\partial^{(j-i)}(\overline{\boldsymbol{M}})}{\partial\alpha^{(j-i)}}\right]\frac{\partial^{(n-j)}(\bar{\boldsymbol{u}}_i)}{\partial\alpha^{(n-j)}} - \frac{1}{2}\sum_{i=1}^{n-1}\mathrm{C}_n^i\frac{\partial^{(i)}(\bar{\boldsymbol{u}}_i)}{\partial\alpha^{(i)}}\frac{\partial^{(n-i)}(\overline{\boldsymbol{M}})}{\partial\alpha^{(n-i)}}\bar{\boldsymbol{u}}_i - \frac{1}{2}\bar{\boldsymbol{u}}_i^{\mathrm{T}}\frac{\partial^{(n)}(\overline{\boldsymbol{M}})}{\partial\alpha^{(n)}}\bar{\boldsymbol{u}}_i \tag{2.95}$$

至此，由式(2.90)、(2.89)、(2.91)和式(2.95)就可以得到子结构 n 阶灵敏度综合的一般表达式。

根据结构整体物理坐标和物理坐标下的第 i 阶特征向量之间存在如下关系

$$\boldsymbol{U}_i = \boldsymbol{T}\boldsymbol{u}_i \tag{2.96}$$

其中，$\boldsymbol{T}$ 是转换矩阵。

由 Leibniz 公式

$$\frac{\partial^{(n)}\boldsymbol{U}_i}{\partial\alpha^{(n)}} = \sum_{j=0}^{n}\mathrm{C}_n^j\frac{\partial^{(n)}\boldsymbol{T}}{\partial\alpha^{(j)}}\frac{\partial^{(n-j)}\bar{\boldsymbol{u}}_i}{\partial\alpha^{(n-j)}} \tag{2.97}$$

这样就可以得到整体结构在物理坐标下的 n 阶特征向量灵敏度。

由 Rayleigh 商表达式

$$\lambda_i = \frac{\boldsymbol{U}_i^{\mathrm{T}}\boldsymbol{K}\boldsymbol{U}_i}{\boldsymbol{U}_i^{\mathrm{T}}\boldsymbol{M}\boldsymbol{U}_i} = \frac{\bar{\boldsymbol{u}}_i^{\mathrm{T}}\boldsymbol{T}^{\mathrm{T}}\boldsymbol{K}\boldsymbol{T}\bar{\boldsymbol{u}}_i}{\bar{\boldsymbol{u}}_i^{\mathrm{T}}\boldsymbol{T}^{\mathrm{T}}\boldsymbol{M}\boldsymbol{T}\bar{\boldsymbol{u}}_i} = \frac{\bar{\boldsymbol{u}}_i^{\mathrm{T}}\overline{\boldsymbol{K}}\bar{\boldsymbol{u}}_i}{\bar{\boldsymbol{u}}_i\overline{\boldsymbol{M}}\bar{\boldsymbol{u}}_i} = \bar{\lambda}_i \tag{2.98}$$

可以近似认为，模型缩聚对特征值和特征向量灵敏度的影响为 0。式(2.97)、(2.98)就是整体结构在物理坐标下的特征灵敏度。

2.5　本章小结

本章介绍了孤立系统特征灵敏度的定义和现有的几种计算特征值及特征向量一阶灵敏度的方法。虽然特征值的一阶灵敏度可以用简单求导法解出，但由于特征值的二阶灵敏度要用到特征向量的一阶导数值，这使得特征向量的一阶灵敏度计算成为特征问题灵敏度研究的重点。这里介绍的子结构灵敏度综合法虽然可以降低求解矩阵的规模，但其主要思想还是根据 Nelson 方法。而 Nelson 方法和模态展开法作为研究特征问题灵敏度的两种主要方法尽管对实模态一阶灵敏度的计算很有效，但它们都没有解决由于特征值和特征向量是结构参数的隐函数不能用直接求导法计算导数矩阵的问题，从而无法对多参数结构进行灵敏度分析。

第3章 多参数结构实模态摄动灵敏度分析

3.1 引 言

当结构的设计参数发生变化时，我们通常不希望对修改后的结构进行完全重分析，因为这样做的成本过高。为了减少计算成本，以不直接求解结构修改后的隐式方程而根据原结构的计算结果估算新结构的重分析方法成为人们研究的重点。基于灵敏度分析的结构动力重分析方法即摄动法就是其中的一种，它的主要思想是将修改后结构的特征值和特征向量作 Taylor 展开，利用特征参数（特征值和特征向量）的灵敏度分析结果及原结构的特征值和特征向量，估算新结构的特征参数。

本章采用 Taylor 级数展开法，推导出刚度阵和质量阵的增量 $\Delta\boldsymbol{K}$ 和 $\Delta\boldsymbol{M}$ 与设计参数间的函数关系，从一阶、二阶特征值和特征向量的摄动量推导出特征值和特征向量的一阶、二阶摄动灵敏度，给出多参数结构特征值与特征向量的一阶、二阶摄动灵敏度矩阵。解决了由于特征值和特征向量是结构参数隐函数，无法直接计算导数矩阵的问题。最后用本章提出的方法对具有多个设计变量的弹簧质量系统和车身结构的摄动灵敏度问题进行了分析。

3.2 问题描述

设函数在 $x=x_0$ 的某邻域 $U(x_0;\delta)=\{x:|x-x:|<\delta\}$ 内依次可导，则称

$$f(x)=\sum_{k=0}^{\infty}\frac{f^{(k)}(x_0)}{k!}(x-x_0)^k \tag{3.1}$$

为 f 在点 $x=x_0$ 点的 Taylor 级数。函数 f 的值可以是标量，也可以是向量。当函数 $f(x)$ 在多元变量 $x=x_1,x_2,\cdots,x_n$ 初始点 x_0 处二阶可微时，式(3.1)也可以近似写成

$$f(x_0+\Delta x)=f(x_0)+\boldsymbol{G}(x)\Delta x+\frac{1}{2}\Delta x^{\mathrm{T}}\boldsymbol{H}(x)\Delta x \tag{3.2}$$

其中，函数 $f(\mathbf{x})$对参数的一阶偏导项 $\boldsymbol{G}(x)$也称为梯度矩阵，二阶混合偏导项 $\boldsymbol{H}(x)$ 为 Hessian 矩阵（海森矩阵）。

即

$$\boldsymbol{G}(x)=\begin{bmatrix}\dfrac{\partial f(\mathbf{x})}{\partial \mathbf{x}_1} & \dfrac{\partial f(\mathbf{x})}{\partial \mathbf{x}_2} & \cdots & \dfrac{\partial f(\mathbf{x})}{\partial \mathbf{x}_n}\end{bmatrix} \tag{3.3}$$

$$H(\mathbf{x})=\begin{bmatrix}\dfrac{\partial^2 f(\mathbf{x})}{\partial {\mathbf{x}_1}^2} & \dfrac{\partial^2 f(\mathbf{x})}{\partial \mathbf{x}_1\partial \mathbf{x}_2} & \cdots & \dfrac{\partial^2 f(\mathbf{x})}{\partial \mathbf{x}_1\partial \mathbf{x}_n}\\ \dfrac{\partial^2 f(\mathbf{x})}{\partial \mathbf{x}_2\partial \mathbf{x}_1} & \dfrac{\partial^2 f(\mathbf{x})}{\partial {\mathbf{x}_2}^2} & \cdots & \dfrac{\partial^2 f(\mathbf{x})}{\partial \mathbf{x}_2\partial \mathbf{x}_n}\\ \vdots & \vdots & & \vdots\\ \dfrac{\partial^2 f(\mathbf{x})}{\partial \mathbf{x}_n\partial \mathbf{x}_1} & \dfrac{\partial^2 f(\mathbf{x})}{\partial \mathbf{x}_n\partial \mathbf{x}_2} & \cdots & \dfrac{\partial^2 f(\mathbf{x})}{\partial {\mathbf{x}_n}^2}\end{bmatrix} \tag{3.4}$$

结构的总体刚度矩阵 $\boldsymbol{K}(\alpha)$和质量矩阵 $\boldsymbol{M}(\alpha)$是构成参数 α 的隐函数，这里设 $\alpha=(\alpha^{(1)},\alpha^{(2)},\cdots,\alpha^{(L)})^{\mathrm{T}}$。当结构有微小变化 $\Delta\alpha$ 时，根据式(3.1)的一阶展开式，$\boldsymbol{K}(\alpha)$和 $\boldsymbol{M}(\alpha)$可以表示为

$$\boldsymbol{K}(\alpha_0+\Delta\alpha)=\boldsymbol{K}(\alpha_0)+\sum_{j=1}^{L}\frac{\partial \boldsymbol{K}}{\partial\alpha}\Delta\alpha \tag{3.5}$$

$$\boldsymbol{M}(\alpha_0+\Delta\alpha)=\boldsymbol{M}(\alpha_0)+\sum_{j=1}^{L}\frac{\partial \boldsymbol{M}}{\partial\alpha}\Delta\alpha \tag{3.6}$$

记 $\dfrac{\partial\boldsymbol{K}(\alpha)}{\partial\alpha}=\boldsymbol{K}_{,\alpha}$，$\dfrac{\partial\boldsymbol{M}(\alpha)}{\partial\alpha}=\boldsymbol{M}_{,\alpha}$

那么，刚度阵和质量阵的一阶增量可以表示为

$$\boldsymbol{K}_1=\sum_{t=1}^{L}\boldsymbol{K}_{,t}\Delta\alpha^{(t)}\qquad \boldsymbol{M}_1=\sum_{t=1}^{L}\boldsymbol{M}_{,t}\Delta\alpha^{(t)} \tag{3.7}$$

根据矩阵摄动法，对于具有 n 阶自由度的振动方程

$$\boldsymbol{K}\boldsymbol{u}_i=\lambda\boldsymbol{M}\boldsymbol{u}_i \tag{3.8}$$

当结构发生微小改变 ε 时，修改后的结构刚度矩阵$\boldsymbol{K}=\boldsymbol{K}_0+\varepsilon\boldsymbol{K}_1$，质量矩阵 $\boldsymbol{M}=\boldsymbol{M}_0+\varepsilon\boldsymbol{M}_1$。在 $\varepsilon\boldsymbol{K}_1$ 和 $\varepsilon\boldsymbol{M}_1$ 很小时，可以将特征值和特征向量按小参数 ε 展开为幂级数

$$\lambda_i=\lambda_{0i}+\varepsilon\lambda_{1i}+\varepsilon^2\lambda_{2i}+\cdots \tag{3.9}$$

$$\boldsymbol{u}_i=\boldsymbol{u}_{0i}+\varepsilon\boldsymbol{u}_{1i}+\varepsilon^2\boldsymbol{u}_{2i}+\cdots \tag{3.10}$$

将式(3.9)和(3.10)代入方程(3.8)，得到

$$(\boldsymbol{K}_0+\varepsilon\boldsymbol{K}_1)(\boldsymbol{u}_{0i}+\varepsilon\boldsymbol{u}_{1i}+\varepsilon^2\boldsymbol{u}_{2i})=$$

$$(\lambda_{0i}+\varepsilon\lambda_{1i}+\varepsilon^2\lambda_{2i})(\boldsymbol{M}_0+\varepsilon\boldsymbol{M}_1)(\boldsymbol{u}_{0i}+\varepsilon\boldsymbol{u}_{1i}+\varepsilon^2\boldsymbol{u}_{2i}) \tag{3.11}$$

将上式展开并略去高阶项后，比较 ε 的同次幂系数可得

$$\varepsilon^0:\boldsymbol{K}_0\boldsymbol{u}_{0i}=\lambda_{0i}\boldsymbol{M}_0\boldsymbol{u}_{0i} \tag{3.12}$$

$$\varepsilon^1:\boldsymbol{K}_0\boldsymbol{u}_{1i}+\boldsymbol{K}_1\boldsymbol{u}_{0i}=\lambda_{0i}M_0\boldsymbol{u}_{1i}+\lambda_{0i}\boldsymbol{M}_1\boldsymbol{u}_{0i}+\lambda_{1i}\boldsymbol{M}_0\boldsymbol{u}_{0i} \tag{3.13}$$

$$\varepsilon^2:\boldsymbol{K}_0\boldsymbol{u}_{2i}+\boldsymbol{K}_1\boldsymbol{u}_{1i}=\lambda_{0i}M_0\boldsymbol{u}_{2i}+\lambda_{0i}M_1\boldsymbol{u}_{1i}+\lambda_{1i}\boldsymbol{M}_0\boldsymbol{u}_{1i}+\lambda_{1i}\boldsymbol{M}_1\boldsymbol{u}_{0i}+\lambda_{2i}M_0\boldsymbol{u}_{0i} \tag{3.14}$$

根据模态展开法，将$\boldsymbol{u}_{1i}$按原系统模态展开

$$\boldsymbol{u}_{1i}=\sum_{j=1}^{n}c_{1j}\boldsymbol{u}_{0j} \tag{3.15}$$

将式(3.15)代入式(3.13)，得到

$$\boldsymbol{K}_0\sum_{j=1}^{n}c_{1j}\boldsymbol{u}_{0j}+\boldsymbol{K}_1\boldsymbol{u}_{0i}=\lambda_{0i}\boldsymbol{M}_0\sum_{j=1}^{n}c_{1j}\boldsymbol{u}_{0j}+\lambda_{0i}\boldsymbol{M}_1\boldsymbol{u}_{0i}+\lambda_{1i}\boldsymbol{M}_0\boldsymbol{u}_{0i} \tag{3.16}$$

由特征向量的正交性条件

$$\boldsymbol{u}_{0i}^{\mathrm{T}}\boldsymbol{K}_0\boldsymbol{u}_{0j}=\delta_{ij}\lambda_{0j}\quad \boldsymbol{u}_{0i}^{\mathrm{T}}\boldsymbol{M}_0\boldsymbol{u}_{0j}=\delta_{ij} \tag{3.17}$$

可得

$$\lambda_{1i}=\boldsymbol{u}_{0i}^{\mathrm{T}}\boldsymbol{K}_1\boldsymbol{u}_{0i}-\lambda_{0i}\boldsymbol{u}_{0i}^{\mathrm{T}}\boldsymbol{M}_1\boldsymbol{u}_{0i} \tag{3.18}$$

$$c_{1j}=\frac{1}{\lambda_{0i}-\lambda_{0j}}(\boldsymbol{u}_{0j}^{\mathrm{T}}\boldsymbol{K}_1\boldsymbol{u}_{0i}-\lambda_{0i}\boldsymbol{u}_{0j}^{\mathrm{T}}\boldsymbol{M}_1\boldsymbol{u}_{0i})\quad i\neq j \tag{3.19}$$

当 $i=j$ 时

$$c_{1i}=-\frac{1}{2}\boldsymbol{u}_{0i}^{\mathrm{T}}\boldsymbol{M}_1\boldsymbol{u}_{0i} \tag{3.20}$$

同理，可得特征值和特征向量的二阶摄动量

$$\lambda_{2i}=\boldsymbol{u}_{0i}^{\mathrm{T}}\boldsymbol{K}_1\boldsymbol{u}_{0i}-\lambda_{0i}\boldsymbol{u}_{0i}^{\mathrm{T}}\boldsymbol{M}_1\boldsymbol{u}_{0i}-\lambda_{1i}\boldsymbol{u}_{0i}^{\mathrm{T}}\boldsymbol{M}_0\boldsymbol{u}_{1i}-\lambda_{1i}\boldsymbol{u}_{1i}^{\mathrm{T}}\boldsymbol{M}_1\boldsymbol{u}_{0i} \tag{3.21}$$

和

$$\boldsymbol{u}_{2i}=\sum_{j=1}^{n}c_{2j}\boldsymbol{u}_{0j} \tag{3.22}$$

其中，当 $i=j$ 时

$$c_{2j}=\frac{1}{\lambda_{0i}-\lambda_{0j}}(\boldsymbol{u}_{0j}^{\mathrm{T}}\boldsymbol{K}_1\boldsymbol{u}_{1i}-\lambda_{0i}\boldsymbol{u}_{0j}^{\mathrm{T}}\boldsymbol{M}_1\boldsymbol{u}_{1i}-\lambda_{1i}\boldsymbol{u}_{0j}^{\mathrm{T}}\boldsymbol{M}_0\boldsymbol{u}_{1i}-\lambda_{1i}\boldsymbol{u}_{0j}^{\mathrm{T}}\boldsymbol{M}_1\boldsymbol{u}_{0i}) \tag{3.23}$$

当 $i\neq j$ 时

$$c_{2i}=-\frac{1}{2}(\boldsymbol{u}_{1i}^{\mathrm{T}}\boldsymbol{M}_0\boldsymbol{u}_{1i}+\boldsymbol{u}_{0i}^{\mathrm{T}}\boldsymbol{M}_0\boldsymbol{u}_{1i}+\boldsymbol{u}_{1i}^{\mathrm{T}}\boldsymbol{M}_1\boldsymbol{u}_{0i}) \tag{3.24}$$

综合式(3.15)、(3.19)和(3.20)，i 阶特征向量的一阶摄动量

$$\boldsymbol{u}_{1i} = \sum_{\substack{i \neq j \\ j=1}}^{n} \frac{1}{\lambda_{0i} - \lambda_{0j}} (\boldsymbol{u}_{0j}^{\mathrm{T}} \boldsymbol{K}_1 \boldsymbol{u}_{0i} - \lambda_{0i} \boldsymbol{u}_{0j}^{\mathrm{T}} \boldsymbol{M}_1 \boldsymbol{u}_{0i}) \boldsymbol{u}_{0j} - \frac{1}{2} \boldsymbol{u}_{0i}^{\mathrm{T}} \boldsymbol{M}_0 \boldsymbol{u}_{0i} \boldsymbol{u}_{0i} \tag{3.25}$$

综合式(3.22)、(3.23)和(3.24)可得 i 阶特征向量的二阶摄动量

$$\begin{aligned} \boldsymbol{u}_{2i} = & \sum_{i \neq j}^{n} \frac{1}{\lambda_{0i} - \lambda_{0j}} (\boldsymbol{u}_{0j}^{\mathrm{T}} \boldsymbol{K}_1 \boldsymbol{u}_{1i} - \lambda_{0i} \boldsymbol{u}_{0j}^{\mathrm{T}} \boldsymbol{M}_1 \boldsymbol{u}_{1i} - \lambda_{1i} \boldsymbol{u}_{0j}^{\mathrm{T}} \boldsymbol{M}_0 \boldsymbol{u}_{1i} - \lambda_{1i} \boldsymbol{u}_{0j}^{\mathrm{T}} \boldsymbol{M}_1 \boldsymbol{u}_{0i}) \boldsymbol{u}_{0j} \\ & - \frac{1}{2} (\boldsymbol{u}_{1}^{\mathrm{T}} \boldsymbol{M}_0 \boldsymbol{u}_{1i} + \boldsymbol{u}_{0i}^{\mathrm{T}} \boldsymbol{M}_1 \boldsymbol{u}_{1i} + \boldsymbol{u}_{1i}^{\mathrm{T}} \boldsymbol{M}_1 \boldsymbol{u}_{0i}) \boldsymbol{u}_{0i} \end{aligned} \tag{3.26}$$

引起结构变化的因素有很多，如材料特性(弹性模量、泊松比、质量密度等)或者结构尺寸及结构形状等。下面由式(3.18)、(3.21)、(3.25)和(3.26)推导出实模态结构特征值和特征向量的一阶、二阶摄动灵敏度和摄动灵敏度矩阵。

3.3　实模态一阶摄动灵敏度

3.3.1　特征值一阶摄动灵敏度计算方法

将式(3.7)代入式(3.18)可得 i 阶特征值的一阶摄动量

$$\begin{aligned} \lambda_{1i} &= \boldsymbol{u}_{0i}^{\mathrm{T}} \boldsymbol{K}_1 \boldsymbol{u}_{0i} - \lambda_{0i} \boldsymbol{u}_{0i}^{\mathrm{T}} \boldsymbol{M}_1 \boldsymbol{u}_{0i} \\ &= \boldsymbol{u}_{0i}^{\mathrm{T}} \sum_{t=1}^{L} \boldsymbol{K}_{,t} \Delta\alpha^{(t)} \boldsymbol{u}_{0i} - \lambda_{0i} \boldsymbol{u}_{0i}^{\mathrm{T}} \sum_{t=1}^{L} \boldsymbol{M}_{,t} \Delta\alpha^{(t)} \boldsymbol{u}_{0i} \\ &= \sum_{t=1}^{L} \Delta\alpha^{(t)} \boldsymbol{u}_{0i}^{\mathrm{T}} (\boldsymbol{K}_{,t} - \lambda_{0i} \boldsymbol{M}_{,t}) \boldsymbol{u}_{0i} \\ &= \sum_{i=1}^{L} \Delta\alpha^{(t)} \lambda_{1i}^{(t)} \end{aligned} \tag{3.27}$$

其中，

$$\lambda_{1i}^{(i)} = \boldsymbol{u}_{0i}^{\mathrm{T}} (K_{,t} - \lambda_{0i} \boldsymbol{M}_{,t}) \boldsymbol{u}_{0i} \tag{3.28}$$

由式(3.28)可以看出，$\lambda_{1i}^{(i)}$ 是 i 阶特征值 λ_i 对参数 $\alpha^{(t)}$ 的一阶摄动灵敏度。

对于特征值一阶摄动量有

$$\lambda_{1i} = \widetilde{\boldsymbol{G}}_{\lambda_i}^{\mathrm{T}} \Delta\alpha \tag{3.29}$$

其中，

$$\widetilde{\boldsymbol{G}}_{\lambda_i}^{\mathrm{T}} = [\lambda_{1i}^{(1)}, \lambda_{1i}^{(2)}, \cdots, \lambda_{1i}^{(L)}] \tag{3.30}$$

3.3.2 特征向量一阶摄动灵敏度计算方法

将式(3.7)代入式(3.25)

$$\boldsymbol{u}_{1i} = \sum_{\substack{i\neq j\\ j=1}}^{n} \frac{1}{\lambda_{0i}-\lambda_{0j}} \left[\boldsymbol{u}_{0j}^{\mathrm{T}}\left(\sum_{t=1}^{L} \boldsymbol{K}_{,t}\Delta\alpha^{(t)}\right)\boldsymbol{u}_{0i} - \lambda_{0i}\,\boldsymbol{u}_{0j}^{\mathrm{T}}\left(\sum_{t=1}^{L} \boldsymbol{M}_{,t}\Delta\alpha^{(t)}\right)\boldsymbol{u}_{0i}\right]\boldsymbol{u}_{0j} - \frac{1}{2}\boldsymbol{u}_{0i}^{\mathrm{T}}\left(\sum_{t=1}^{L} \boldsymbol{M}_{,t}\Delta\alpha^{(t)}\right)\boldsymbol{u}_{0i}\,\boldsymbol{u}_{0i} \tag{3.31}$$

整理上式

$$\begin{aligned}
\boldsymbol{u}_{1i} &= \sum_{\substack{i\neq j\\ j=1}}^{n}\left(\sum_{t=1}^{L}\frac{1}{\lambda_{0i}-\lambda_{0j}}[\boldsymbol{u}_{0j}^{\mathrm{T}}(\boldsymbol{K}_{,t}-\lambda_{0i}\boldsymbol{M}_{,t})\,\boldsymbol{u}_{0i}]\Delta\alpha^{(t)}\right)\boldsymbol{u}_{0j} - \\
&\quad \frac{1}{2}\boldsymbol{u}_{0i}^{\mathrm{T}}\left(\sum_{t=1}^{n}\boldsymbol{M}_{,t}\Delta\alpha^{(t)}\right)\boldsymbol{u}_{0i}\,\boldsymbol{u}_{0i} \\
&= \boldsymbol{u}_{01}\left(\frac{1}{\lambda_{0i}-\lambda_{01}}[\boldsymbol{u}_{01}^{\mathrm{T}}(\boldsymbol{K}_{,1}-\lambda_{0i}\boldsymbol{M}_{,1})\,\boldsymbol{u}_{0i}]\Delta\alpha^{(1)} + \right. \\
&\quad \left.\frac{1}{\lambda_{0i}-\lambda_{01}}[\boldsymbol{u}_{01}^{\mathrm{T}}(\boldsymbol{K}_{,2}-\lambda_{0i}\boldsymbol{M}_{,2})\,\boldsymbol{u}_{0i}]\Delta\alpha^{(2)} + \cdots\right) + \\
&\quad \boldsymbol{u}_{02}\left(\frac{1}{\lambda_{0i}-\lambda_{01}}[\boldsymbol{u}_{02}^{\mathrm{T}}(\boldsymbol{K}_{,1}-\lambda_{0i}\boldsymbol{M}_{,1})\,\boldsymbol{u}_{0i}]\Delta\alpha^{(1)} + \right. \\
&\quad \left.\frac{1}{\lambda_{0i}-\lambda_{01}}[\boldsymbol{u}_{02}^{\mathrm{T}}(\boldsymbol{K}_{,2}-\lambda_{0i}\boldsymbol{M}_{,2})\,\boldsymbol{u}_{0i}]\Delta\alpha^{(2)} + \cdots\right) + \cdots + \\
&\quad \boldsymbol{u}_{0i}\left(-\frac{1}{2}\boldsymbol{u}_{0i}^{\mathrm{T}}(\boldsymbol{M}_{,1}\Delta\alpha^{(1)})\,\boldsymbol{u}_{0i} - \frac{1}{2}\boldsymbol{u}_{0i}^{\mathrm{T}}(\boldsymbol{M}_{,2}\Delta\alpha^{(2)})\,\boldsymbol{u}_{0i} - \cdots\right) + \cdots + \\
&\quad \boldsymbol{u}_{0n}\left(\frac{1}{\lambda_{0i}-\lambda_{01}}[\boldsymbol{u}_{0n}^{\mathrm{T}}(\boldsymbol{K}_{,1}-\lambda_{0i}\boldsymbol{M}_{,1})\,\boldsymbol{u}_{0i}]\Delta\alpha^{(1)} + \right. \\
&\quad \left.\frac{1}{\lambda_{0i}-\lambda_{01}}[\boldsymbol{u}_{0n}^{\mathrm{T}}(\boldsymbol{K}_{,2}-\lambda_{0i}\boldsymbol{M}_{,2})\,\boldsymbol{u}_{0i}]\Delta\alpha^{(2)} + \cdots\right)
\end{aligned} \tag{3.32}$$

将原结构特征向量$\boldsymbol{u}_{01}, \boldsymbol{u}_{02}, \cdots, \boldsymbol{u}_{0n}$组成特征向量矩阵$\boldsymbol{U}_0$

$$\boldsymbol{U}_0 = [\boldsymbol{u}_{01}, \boldsymbol{u}_{02}, \cdots, \boldsymbol{u}_{0n}] \tag{3.33}$$

将式(3.33)代入式(3.32)，i 阶特征向量的一阶摄动灵敏度可以表示为

$$\boldsymbol{u}_{1i} = [\boldsymbol{u}_{1i}^{(1)}, \boldsymbol{u}_{1i}^{(2)}, \cdots, \boldsymbol{u}_{1i}^{(l)}, \cdots, \boldsymbol{u}_{1i}^{(L)}]\Delta\alpha \tag{3.34}$$

其中

$$
\boldsymbol{u}_{1i}^{(t)} = U_0 \begin{bmatrix} \dfrac{1}{\lambda_{0i}-\lambda_{01}}[\boldsymbol{u}_{01}^{\mathrm{T}}(K_{,t}-\lambda_{0i}\boldsymbol{M}_{,t})\boldsymbol{u}_{0i}] \\ \dfrac{1}{\lambda_{0i}-\lambda_{02}}[\boldsymbol{u}_{02}^{\mathrm{T}}(\boldsymbol{K}_{,t}-\lambda_{0i}\boldsymbol{M}_{,t})\boldsymbol{u}_{0i}] \\ \vdots \\ -\dfrac{1}{2}\boldsymbol{u}_{0i}^{\mathrm{T}}\boldsymbol{M}_{,t}\boldsymbol{u}_{0i} \\ \vdots \\ \dfrac{1}{\lambda_{0i}-\lambda_{0n}}[\boldsymbol{u}_{0n}^{\mathrm{T}}(\boldsymbol{K}_{,t}-\lambda_{0i}\boldsymbol{M}_{,t})\boldsymbol{u}_{0i}] \end{bmatrix} \tag{3.35}
$$

$\boldsymbol{u}_{1i}^{(t)}$是特征向量关于参数$\alpha^{(t)}$的一阶摄动灵敏度。

令

$$
G_{\boldsymbol{u}_i} = (\boldsymbol{u}_{1i}^{(1)},\boldsymbol{u}_{1i}^{(2)},\cdots,\boldsymbol{u}_{1i}^{(s)},\cdots,\boldsymbol{u}_{1i}^{(L)}) \tag{3.36}
$$

那么,特征向量的一阶摄动增量可以表示为

$$
\boldsymbol{u}_{1i} = G_{\boldsymbol{u}_i}\Delta\alpha \tag{3.37}
$$

对于i阶特征向量的第k行分量和$G_{\boldsymbol{u}_i}$矩阵的第k行向量有如下关系存在

$$
\boldsymbol{u}_{1ik} = \widetilde{G}_{\boldsymbol{u}_{ik}}^{\mathrm{T}}\Delta\alpha \tag{3.38}
$$

3.4　实模态二阶摄动灵敏度

3.4.1　特征值二阶摄动灵敏度计算方法

将式(3.7)代入式(3.21)

$$
\begin{aligned}
\lambda_{2i} &= \boldsymbol{u}_{0i}^{\mathrm{T}}\boldsymbol{K}_1\boldsymbol{u}_{1i} - \lambda_{0i}\boldsymbol{u}_{0i}^{\mathrm{T}}\boldsymbol{M}_1\boldsymbol{u}_{1i} - \lambda_{1i}\boldsymbol{u}_{0i}^{\mathrm{T}}\boldsymbol{M}_0\boldsymbol{u}_{1i} - \lambda_{1i}\boldsymbol{u}_{0i}^{\mathrm{T}}\boldsymbol{M}_1\boldsymbol{u}_{0i} \\
&= \boldsymbol{u}_{0i}^{\mathrm{T}}\Big(\sum_{t=1}^{L}\boldsymbol{K}_{,t}\Delta\alpha^{(t)}\Big)\boldsymbol{u}_{1i} - \lambda_{0i}\boldsymbol{u}_{0i}^{\mathrm{T}}\Big(\sum_{t=1}^{L}\boldsymbol{M}_{,t}\Delta\alpha^{(t)}\Big)\boldsymbol{u}_{1i} - \\
&\quad \lambda_{1i}\boldsymbol{u}_{0i}^{\mathrm{T}}\boldsymbol{M}_0\boldsymbol{u}_{1i} - \lambda_{1i}\boldsymbol{u}_{0i}^{\mathrm{T}}\Big(\sum_{t=1}^{L}\boldsymbol{M}_{,t}\Delta\alpha^{(t)}\Big)\boldsymbol{u}_{0i}
\end{aligned} \tag{3.39}
$$

整理得

$$
\begin{aligned}
\lambda_{2i} = {} & \Big(\sum_{t=1}^{L}\boldsymbol{u}_{0i}^{\mathrm{T}}\boldsymbol{K}_{,t}\boldsymbol{u}_{1i}\Big)\Delta\alpha^{(t)} - \Big(\lambda_{0i}\sum_{t=1}^{L}\boldsymbol{u}_{0i}^{\mathrm{T}}\boldsymbol{M}_{,t}\boldsymbol{u}_{1i}\Big)\Delta\alpha^{(t)} - \\
& \lambda_{1i}\boldsymbol{u}_{0i}^{\mathrm{T}}\boldsymbol{M}_0\boldsymbol{u}_{1i} - \lambda_{1i}\Big(\sum_{t=1}^{L}\boldsymbol{u}_{0i}^{\mathrm{T}}M_{,t}\boldsymbol{u}_{0i}\Big)\Delta\alpha^{(t)}
\end{aligned} \tag{3.40}
$$

将式(3.37)代入式(3.40)的右边第一项

$$\left(\sum_{t=1}^{L}\boldsymbol{u}_{0i}^{\mathrm{T}}\boldsymbol{K}_{,t}\boldsymbol{u}_{1i}\right)\Delta\alpha^{(t)}=\Delta\alpha^{\mathrm{T}}\begin{bmatrix}\boldsymbol{u}_{0i}^{\mathrm{T}}\boldsymbol{K}_{,1}\\\boldsymbol{u}_{0i}^{\mathrm{T}}\boldsymbol{K}_{,2}\\\vdots\\\boldsymbol{u}_{0i}^{\mathrm{T}}\boldsymbol{K}_{,L}\end{bmatrix}\boldsymbol{u}_{1i}=\Delta\alpha^{\mathrm{T}}\begin{bmatrix}\boldsymbol{u}_{0i}^{\mathrm{T}}\boldsymbol{K}_{,1}\\\boldsymbol{u}_{0i}^{\mathrm{T}}\boldsymbol{K}_{,2}\\\vdots\\\boldsymbol{u}_{0i}^{\mathrm{T}}\boldsymbol{K}_{,L}\end{bmatrix}\widetilde{G}_{\boldsymbol{u}_i}\Delta\alpha=\Delta\alpha^{\mathrm{T}}\boldsymbol{h}_1\Delta\alpha \tag{3.41}$$

其中，

$$\boldsymbol{h}_1=\begin{bmatrix}\boldsymbol{u}_{0i}^{\mathrm{T}}\boldsymbol{K}_{,1}\boldsymbol{u}_{1i}^{(1)} & \boldsymbol{u}_{0i}^{\mathrm{T}}\boldsymbol{K}_{,1}\boldsymbol{u}_{1i}^{(2)} & \cdots & \boldsymbol{u}_{0i}^{\mathrm{T}}\boldsymbol{K}_{,1}\boldsymbol{u}_{1i}^{(L)}\\\boldsymbol{u}_{0i}^{\mathrm{T}}\boldsymbol{K}_{,2}\boldsymbol{u}_{1i}^{(1)} & \boldsymbol{u}_{0i}^{\mathrm{T}}\boldsymbol{K}_{,2}\boldsymbol{u}_{1i}^{(2)} & \cdots & \boldsymbol{u}_{0i}^{\mathrm{T}}\boldsymbol{K}_{,2}\boldsymbol{u}_{1i}^{(L)}\\\vdots & \vdots & & \vdots\\\boldsymbol{u}_{0i}^{\mathrm{T}}\boldsymbol{K}_{,L}\boldsymbol{u}_{1i}^{(1)} & \boldsymbol{u}_{0i}^{\mathrm{T}}\boldsymbol{K}_{,L}\boldsymbol{u}_{1i}^{(2)} & \cdots & \boldsymbol{u}_{0i}^{\mathrm{T}}\boldsymbol{K}_{,L}\boldsymbol{u}_{1i}^{(L)}\end{bmatrix} \tag{3.42}$$

式(3.40)的右边第二项

$$-\left(\lambda_{0i}\sum_{t=1}^{L}\boldsymbol{u}_{0i}^{\mathrm{T}}\boldsymbol{M}_{,t}\boldsymbol{u}_{1i}\right)\Delta\alpha^{(t)}=-\lambda_{0i}\Delta\alpha^{\mathrm{T}}\boldsymbol{u}_{0i}^{\mathrm{T}}\begin{bmatrix}\boldsymbol{M}_{,1}\\\boldsymbol{M}_{,2}\\\vdots\\\boldsymbol{M}_{,L}\end{bmatrix}\boldsymbol{u}_{1i}=\Delta\alpha^{\mathrm{T}}\boldsymbol{h}_2\Delta\alpha \tag{3.43}$$

其中，

$$\boldsymbol{h}_2=-\lambda_{0i}\begin{bmatrix}\boldsymbol{u}_{0i}^{\mathrm{T}}\boldsymbol{M}_{,1}\boldsymbol{u}_{1i}^{(1)} & \boldsymbol{u}_{0i}^{\mathrm{T}}\boldsymbol{M}_{,1}\boldsymbol{u}_{1i}^{(2)} & \cdots & \boldsymbol{u}_{0i}^{\mathrm{T}}\boldsymbol{M}_{,1}\boldsymbol{u}_{1i}^{(L)}\\\boldsymbol{u}_{0i}^{\mathrm{T}}\boldsymbol{M}_{,2}\boldsymbol{u}_{1i}^{(1)} & \boldsymbol{u}_{0i}^{\mathrm{T}}\boldsymbol{M}_{1,2}\boldsymbol{u}_{1i}^{(2)} & \cdots & \boldsymbol{u}_{0i}^{\mathrm{T}}\boldsymbol{M}_{,2}\boldsymbol{u}_{1i}^{(L)}\\\vdots & \vdots & & \vdots\\\boldsymbol{u}_{0i}^{\mathrm{T}}\boldsymbol{M}_{,L}\boldsymbol{u}_{1i}^{(1)} & \boldsymbol{u}_{0i}^{\mathrm{T}}\boldsymbol{M}_{,L}\boldsymbol{u}_{1i}^{(2)} & \cdots & \boldsymbol{u}_{0i}^{\mathrm{T}}\boldsymbol{M}_{,L}\boldsymbol{u}_{1i}^{(L)}\end{bmatrix} \tag{3.44}$$

将式(3.29)代入式(3.40)的右边第三项

$$-\lambda_{1i}\boldsymbol{u}_{0i}^{\mathrm{T}}\boldsymbol{M}_0\boldsymbol{u}_{1i}=-\Delta\alpha^{\mathrm{T}}\widetilde{G}_{\lambda}\boldsymbol{M}_0\widetilde{G}_{\boldsymbol{u}_i}\Delta\alpha=\Delta\alpha^{\mathrm{T}}\boldsymbol{h}_3\Delta\alpha \tag{3.45}$$

其中，

$$\boldsymbol{h}_3=-\begin{bmatrix}\lambda_{1i}^{(1)}\boldsymbol{u}_{0i}^{\mathrm{T}}\boldsymbol{M}_0\boldsymbol{u}_{1i}^{(1)} & \lambda_{1i}^{(1)}\boldsymbol{u}_{0i}^{\mathrm{T}}\boldsymbol{M}_0\boldsymbol{u}_{1i}^{(2)} & \cdots & \lambda_{1i}^{(1)}\boldsymbol{u}_{0i}^{\mathrm{T}}\boldsymbol{M}_0\boldsymbol{u}_{1i}^{(L)}\\\lambda_{1i}^{(2)}\boldsymbol{u}_{0i}^{\mathrm{T}}\boldsymbol{M}_0\boldsymbol{u}_{1i}^{(1)} & \lambda_{1i}^{(2)}\boldsymbol{u}_{0i}^{\mathrm{T}}\boldsymbol{M}_0\boldsymbol{u}_{1i}^{(2)} & \cdots & \lambda_{1i}^{(2)}\boldsymbol{u}_{0i}^{\mathrm{T}}\boldsymbol{M}_0\boldsymbol{u}_{1i}^{(L)}\\\cdots & \cdots & \cdots & \cdots\\\lambda_{1i}^{(L)}\boldsymbol{u}_{0i}^{\mathrm{T}}\boldsymbol{M}_0\boldsymbol{u}_{1i}^{(1)} & \lambda_{1i}^{(L)}\boldsymbol{u}_{0i}^{\mathrm{T}}\boldsymbol{M}_0\boldsymbol{u}_{1i}^{(2)} & \cdots & \lambda_{1i}^{(L)}\boldsymbol{u}_{0i}^{\mathrm{T}}\boldsymbol{M}_0\boldsymbol{u}_{1i}^{(L)}\end{bmatrix} \tag{3.46}$$

同理，式(3.40)右边的最后一项

$$\begin{aligned}-\lambda_{1i}\left(\sum_{t=1}^{L}\boldsymbol{u}_{0i}^{\mathrm{T}}\boldsymbol{M}_{,t}\boldsymbol{u}_{0i}\right)\Delta\alpha^{(t)}&=-\Delta\alpha^{\mathrm{T}}\widetilde{G}_{\lambda_j}[\boldsymbol{u}_{0i}^{\mathrm{T}}\boldsymbol{M}_{,1}\boldsymbol{u}_{0i},\cdots,\boldsymbol{u}_{0i}^{\mathrm{T}}\boldsymbol{M}_{,L}\boldsymbol{u}_{0i}]\Delta\alpha\\&=\Delta\alpha^{\mathrm{T}}\boldsymbol{h}_4\Delta\alpha\end{aligned} \tag{3.47}$$

其中，

$$\boldsymbol{h}_4 = -\begin{bmatrix} \lambda_{1i}^{(1)} \boldsymbol{u}_{0i}^{\mathrm{T}} \boldsymbol{M}_{,1} \boldsymbol{u}_{0i} & \lambda_{1i}^{(1)} \boldsymbol{u}_{0i}^{\mathrm{T}} \boldsymbol{M}_{,2} \boldsymbol{u}_{0i} & \cdots & \lambda_{1i}^{(1)} \boldsymbol{u}_{0i}^{\mathrm{T}} \boldsymbol{M}_{,L} \boldsymbol{u}_{0i} \\ \lambda_{1i}^{(2)} \boldsymbol{u}_{0i}^{\mathrm{T}} \boldsymbol{M}_{,1} \boldsymbol{u}_{0i} & \lambda_{1i}^{(2)} \boldsymbol{u}_{0i}^{\mathrm{T}} \boldsymbol{M}_{,2} \boldsymbol{u}_{0i} & \cdots & \lambda_{1i}^{(2)} \boldsymbol{u}_{0i}^{\mathrm{T}} \boldsymbol{M}_{,L} \boldsymbol{u}_{0i} \\ \vdots & \vdots & & \vdots \\ \lambda_{1i}^{(L)} \boldsymbol{u}_{0i}^{\mathrm{T}} \boldsymbol{M}_{,1} \boldsymbol{u}_{0i} & \lambda_{1i}^{(L)} \boldsymbol{u}_{0i}^{\mathrm{T}} \boldsymbol{M}_{,2} \boldsymbol{u}_{0i} & \cdots & \lambda_{1i}^{(L)} \boldsymbol{u}_{0i}^{\mathrm{T}} \boldsymbol{M}_{,L} \boldsymbol{u}_{0i} \end{bmatrix} \tag{3.48}$$

令$\boldsymbol{h}$是$\boldsymbol{h}_j$阵的累加和，即

$$\boldsymbol{h}_1 + \boldsymbol{h}_2 + \boldsymbol{h}_3 + \boldsymbol{h}_4 = \boldsymbol{h} \tag{3.49}$$

设$\widetilde{\boldsymbol{H}}_{\lambda_i}$是$h$和其转置阵的和，有

$$\boldsymbol{h} + \boldsymbol{h}^{\mathrm{T}} = \widetilde{\boldsymbol{H}}_{\lambda_i} \tag{3.50}$$

此时，特征值的二阶摄动量可以由式(3.40)表示为

$$\lambda_{2i} = \frac{1}{2} \Delta\alpha^{\mathrm{T}} \widetilde{H}_{\lambda} \Delta\alpha \tag{3.51}$$

3.4.2　特征向量二阶摄动灵敏度计算方法

根据式(3.7)和式(3.26)得到

$$\begin{aligned} \boldsymbol{u}_{2i} = & \sum_{\substack{i \neq j \\ j=1}}^{n} \frac{1}{\lambda_{0i} - \lambda_{0j}} (\boldsymbol{u}_{0j}^{\mathrm{T}} \boldsymbol{K}_1 \boldsymbol{u}_{1i} - \lambda_{0i} \boldsymbol{u}_{0j}^{\mathrm{T}} \boldsymbol{M}_1 \boldsymbol{u}_{1i} - \lambda_{1i} \boldsymbol{u}_{0j}^{\mathrm{T}} \boldsymbol{M}_0 \boldsymbol{u}_{1i} - \\ & \lambda_{1i} \boldsymbol{u}_{0j}^{\mathrm{T}} \boldsymbol{M}_1 \boldsymbol{u}_{0i}) \boldsymbol{u}_{0j} - \frac{1}{2} (\boldsymbol{u}_{1i}^{\mathrm{T}} \boldsymbol{M}_0 \boldsymbol{u}_{1i} + \boldsymbol{u}_{0i}^{\mathrm{T}} \boldsymbol{M}_1 \boldsymbol{u}_{1i} + \boldsymbol{u}_{1i}^{\mathrm{T}} \boldsymbol{M}_1 \boldsymbol{u}_{0i}) \boldsymbol{u}_{0i} \\ = & \sum_{\substack{i \neq j \\ j=1}}^{n} \frac{1}{\lambda_{0i} - \lambda_{0j}} \left(\boldsymbol{u}_{0j}^{\mathrm{T}} \left(\sum_{t=1}^{L} \boldsymbol{K}_{,t} \Delta\alpha^{(t)} \right) \boldsymbol{u}_{1i} - \lambda_{0i} \boldsymbol{u}_{0j}^{\mathrm{T}} \left(\sum_{i=1}^{L} \boldsymbol{M}_{,t} \Delta\alpha^{(t)} \right) \boldsymbol{u}_{1i} - \right. \\ & \left. \lambda_1 \boldsymbol{u}_{0j}^{\mathrm{T}} \boldsymbol{M}_0 \boldsymbol{u}_{1i} - \lambda_{1i} \boldsymbol{u}_{0j}^{\mathrm{T}} \left(\sum_{t=1}^{L} \boldsymbol{M}_{,t} \Delta\alpha^{(t)} \right) \boldsymbol{u}_{0i} \right) \end{aligned} \tag{3.52}$$

将式(3.29)、(3.38)和(3.33)代入上式，展开

$$
\boldsymbol{u}_{2i}=\boldsymbol{U}_0\left[\begin{array}{l}
\Delta\alpha^{\mathrm{T}}\dfrac{1}{\lambda_{0i}-\lambda_{01}}\begin{bmatrix}
\boldsymbol{u}_{01}^{\mathrm{T}}\boldsymbol{K}_{,1}\boldsymbol{u}_{1i}-\lambda_{0i}\boldsymbol{u}_{01}^{\mathrm{T}}\boldsymbol{M}_{1}\boldsymbol{u}_{1i}-\lambda_{1i}^{(1)}\boldsymbol{u}_{01}^{\mathrm{T}}\boldsymbol{M}_0\boldsymbol{u}_{1i}-\lambda_{1i}\boldsymbol{u}_{01}^{\mathrm{T}}\boldsymbol{M}_{,1}\boldsymbol{u}_{0i}\\
\boldsymbol{u}_{01}^{\mathrm{T}}\boldsymbol{K}_{,2}\boldsymbol{u}_{1i}-\lambda_{0i}\boldsymbol{u}_{01}^{\mathrm{T}}\boldsymbol{M}_{,2}\boldsymbol{u}_{1i}-\lambda_{1i}^{(2)}\boldsymbol{u}_{01}^{\mathrm{T}}\boldsymbol{M}_0\boldsymbol{u}_{1i}-\lambda_{1i}\boldsymbol{u}_{01}^{\mathrm{T}}\boldsymbol{M}_{,2}\boldsymbol{u}_{0i}\\
\vdots\\
\boldsymbol{u}_{01}^{\mathrm{T}}\boldsymbol{K}_{,L}\boldsymbol{u}_{1i}-\lambda_{0i}\boldsymbol{u}_{01}^{\mathrm{T}}\boldsymbol{M}_{,L}\boldsymbol{u}_{1i}-\lambda_{1i}^{(L)}\boldsymbol{u}_{01}^{\mathrm{T}}\boldsymbol{M}_0\boldsymbol{u}_{1i}-\lambda_{1i}\boldsymbol{u}_{01}^{\mathrm{T}}\boldsymbol{M}_{,L}\boldsymbol{u}_{0i}
\end{bmatrix}\\
\vdots\\
\Delta\alpha^{\mathrm{T}}\left(-\dfrac{1}{2}\begin{bmatrix}
\boldsymbol{u}_{1i}^{\mathrm{T}}\boldsymbol{M}_0\boldsymbol{u}_{1i}^{(1)}+\boldsymbol{u}_{0i}^{\mathrm{T}}\boldsymbol{M}_{,1}\boldsymbol{u}_{1i}+\boldsymbol{u}_{1i}^{\mathrm{T}}\boldsymbol{M}_{,1}\boldsymbol{u}_{0i}\\
\boldsymbol{u}_{1i}^{\mathrm{T}}\boldsymbol{M}_0\boldsymbol{u}_{1i}^{(2)}+\boldsymbol{u}_{0i}^{\mathrm{T}}\boldsymbol{M}_{,2}\boldsymbol{u}_{1i}+\boldsymbol{u}_{1i}^{\mathrm{T}}\boldsymbol{M}_{,2}\boldsymbol{u}_{0i}\\
\vdots\\
\boldsymbol{u}_{1i}^{\mathrm{T}}\boldsymbol{M}_0\boldsymbol{u}_{1i}^{(L)}+\boldsymbol{u}_{0i}^{\mathrm{T}}\boldsymbol{M}_{,L}\boldsymbol{u}_{1i}+\boldsymbol{u}_{1i}^{\mathrm{T}}\boldsymbol{M}_{,L}\boldsymbol{u}_{0i}
\end{bmatrix}\right)\\
\vdots\\
\Delta\alpha^{\mathrm{T}}\dfrac{1}{\lambda_{0i}-\lambda_{0n}}\begin{bmatrix}
\boldsymbol{u}_{0n}^{\mathrm{T}}\boldsymbol{K}_{,1}\boldsymbol{u}_{1i}-\lambda_{0i}\boldsymbol{u}_{0n}^{\mathrm{T}}\boldsymbol{M}_{,1}\boldsymbol{u}_{1i}-\lambda_{1i}^{(1)}\boldsymbol{u}_{0n}^{\mathrm{T}}\boldsymbol{M}_0\boldsymbol{u}_{1i}-\lambda_{1i}\boldsymbol{u}_{0n}^{\mathrm{T}}\boldsymbol{M}_{,1}\boldsymbol{u}_{0i}\\
\boldsymbol{u}_{0n}^{\mathrm{T}}\boldsymbol{K}_{,2}\boldsymbol{u}_{1i}-\lambda_{0i}\boldsymbol{u}_{0n}^{\mathrm{T}}\boldsymbol{M}_{,2}\boldsymbol{u}_{1i}-\lambda_{1i}^{(2)}\boldsymbol{u}_{0n}^{\mathrm{T}}\boldsymbol{M}_0\boldsymbol{u}_{1i}-\lambda_{1i}\boldsymbol{u}_{0n}^{\mathrm{T}}\boldsymbol{M}_{,2}\boldsymbol{u}_{0i}\\
\vdots\\
\boldsymbol{u}_{0n}^{\mathrm{T}}\boldsymbol{K}_{,L}\boldsymbol{u}_{1i}-\lambda_{0i}\boldsymbol{u}_{0n}^{\mathrm{T}}\boldsymbol{M}_{,L}\boldsymbol{u}_{1i}-\lambda_{1i}^{(L)}\boldsymbol{u}_{0n}^{\mathrm{T}}\boldsymbol{M}_0\boldsymbol{u}_{1i}-\lambda_{1i}\boldsymbol{u}_{0n}^{\mathrm{T}}\boldsymbol{M}_{,L}\boldsymbol{u}_{0i}
\end{bmatrix}
\end{array}\right]
\tag{3.53}
$$

对式(3.53)进一步展开，可得

$$
\boldsymbol{u}_{2i}=\boldsymbol{U}_0\left[\begin{array}{l}
\Delta\alpha^{\mathrm{T}}\dfrac{1}{\lambda_{0i}-\lambda_{01}}\begin{bmatrix}
\sum\limits_{t=1}^{L}(\boldsymbol{u}_{01}^{\mathrm{T}}\boldsymbol{K}_{,1}\boldsymbol{u}_{1i}^{(t)}-\lambda_{0i}\boldsymbol{u}_{01}^{\mathrm{T}}\boldsymbol{M}_{,1}\boldsymbol{u}_{1i}^{(t)}-\lambda_{1i}^{(1)}\boldsymbol{u}_{01}^{\mathrm{T}}\boldsymbol{M}_0\boldsymbol{u}_{1i}^{(t)}-\lambda_{1i}^{(t)}\boldsymbol{u}_{01}^{\mathrm{T}}\boldsymbol{M}_{,1}\boldsymbol{u}_{0i})\Delta\alpha^{(t)}\\
\sum\limits_{t=1}^{L}(\boldsymbol{u}_{01}^{\mathrm{T}}\boldsymbol{K}_{,2}\boldsymbol{u}_{1i}^{(t)}-\lambda_{0i}\boldsymbol{u}_{01}^{\mathrm{T}}\boldsymbol{M}_{,2}\boldsymbol{u}_{1i}^{(t)}-\lambda_{1i}^{(2)}\boldsymbol{u}_{01}^{\mathrm{T}}\boldsymbol{M}_0\boldsymbol{u}_{1i}^{(t)}-\lambda_{1i}^{(t)}\boldsymbol{u}_{01}^{\mathrm{T}}\boldsymbol{M}_{,2}\boldsymbol{u}_{0i})\Delta\alpha^{(t)}\\
\vdots\\
\sum\limits_{t=1}^{L}(\boldsymbol{u}_{01}^{\mathrm{T}}\boldsymbol{K}_{,L}\boldsymbol{u}_{1i}^{(t)}-\lambda_{0i}\boldsymbol{u}_{01}^{\mathrm{T}}\boldsymbol{M}_{,L}\boldsymbol{u}_{1i}^{(t)}-\lambda_{1i}^{(L)}\boldsymbol{u}_{01}^{\mathrm{T}}\boldsymbol{M}_0\boldsymbol{u}_{1i}^{(t)}-\lambda_{1i}^{(t)}\boldsymbol{u}_{01}^{\mathrm{T}}\boldsymbol{M}_{,L}\boldsymbol{u}_{0i})\Delta\alpha^{(t)}
\end{bmatrix}\\
\vdots\\
\Delta\alpha^{\mathrm{T}}\left(\begin{bmatrix}
\boldsymbol{u}_{1i}^{\mathrm{T}}\boldsymbol{M}_0\boldsymbol{u}_{1i}^{(1)}+\boldsymbol{u}_{0i}^{\mathrm{T}}\boldsymbol{M}_{,1}\boldsymbol{u}_{1i}+\boldsymbol{u}_{1i}^{\mathrm{T}}\boldsymbol{M}_{,1}\boldsymbol{u}_{0i}\\
\boldsymbol{u}_{1i}^{\mathrm{T}}\boldsymbol{M}_0\boldsymbol{u}_{1i}^{(2)}+\boldsymbol{u}_{0i}^{\mathrm{T}}\boldsymbol{M}_{,2}\boldsymbol{u}_{1i}+\boldsymbol{u}_{1i}^{\mathrm{T}}\boldsymbol{M}_{,2}\boldsymbol{u}_{0i}\\
\vdots\\
\boldsymbol{u}_{1i}^{\mathrm{T}}\boldsymbol{M}_0\boldsymbol{u}_{1i}^{(L)}+\boldsymbol{u}_{0i}^{\mathrm{T}}\boldsymbol{M}_{,L}\boldsymbol{u}_{1i}+\boldsymbol{u}_{1i}^{\mathrm{T}}\boldsymbol{M}_{,L}\boldsymbol{u}_{0i}
\end{bmatrix}\right)\\
\vdots\\
\Delta\alpha^{\mathrm{T}}\dfrac{1}{\lambda_{0i}-\lambda_{0n}}\begin{bmatrix}
\sum\limits_{s=1}^{L}(\boldsymbol{u}_{0n}^{\mathrm{T}}\boldsymbol{K}_{,1}\boldsymbol{u}_{1i}^{(t)}-\lambda_{0i}\boldsymbol{u}_{0n}^{\mathrm{T}}\boldsymbol{M}_{,1}\boldsymbol{u}_{1i}^{(t)}-\lambda_{1i}^{(1)}\boldsymbol{u}_{0n}^{\mathrm{T}}\boldsymbol{M}_0\boldsymbol{u}_{1i}^{(t)}-\lambda_{1i}^{(t)}\boldsymbol{u}_{0n}^{\mathrm{T}}\boldsymbol{M}_{,1}\boldsymbol{u}_{0i})\Delta\alpha^{(t)}\\
\sum\limits_{s=1}^{L}(\boldsymbol{u}_{0n}^{\mathrm{T}}\boldsymbol{K}_{,2}\boldsymbol{u}_{1i}^{(t)}-\lambda_{0i}\boldsymbol{u}_{0n}^{\mathrm{T}}\boldsymbol{M}_{,2}\boldsymbol{u}_{1i}^{(t)}-\lambda_{1i}^{(2)}\boldsymbol{u}_{0n}^{\mathrm{T}}\boldsymbol{M}_0\boldsymbol{u}_{1i}^{(t)}-\lambda_{1i}^{(t)}\boldsymbol{u}_{0n}^{\mathrm{T}}\boldsymbol{M}_{,2}\boldsymbol{u}_{0i})\Delta\alpha^{(t)}\\
\vdots\\
\sum\limits_{s=1}^{L}(\boldsymbol{u}_{0n}^{\mathrm{T}}\boldsymbol{K}_{,L}\boldsymbol{u}_{1i}^{(t)}-\lambda_{0i}\boldsymbol{u}_{0n}^{\mathrm{T}}\boldsymbol{M}_{,L}\boldsymbol{u}_{1i}^{(t)}-\lambda_{1i}^{(L)}\boldsymbol{u}_{0n}^{\mathrm{T}}\boldsymbol{M}_0\boldsymbol{u}_{1i}^{(t)}-\lambda_{1i}^{(t)}\boldsymbol{u}_{0n}^{\mathrm{T}}\boldsymbol{M}_{,L}\boldsymbol{u}_{0i})\Delta\alpha^{(t)}
\end{bmatrix}
\end{array}\right]
\tag{3.54}
$$

$$\boldsymbol{u}_{2i} = \boldsymbol{U}_0 \begin{bmatrix} \Delta\alpha^{\mathrm{T}} \boldsymbol{h}_{(1)} \Delta\alpha \\ \vdots \\ \Delta\alpha^{\mathrm{T}} \boldsymbol{h}_{(j)} \Delta\alpha \\ \vdots \\ \Delta\alpha^{\mathrm{T}} \boldsymbol{h}_{(n)} \Delta\alpha \end{bmatrix} \tag{3.55}$$

其中，当 $j \neq i$ 时

$$h_{(j)} = \frac{1}{\lambda_{0i} - \lambda_{0j}} \begin{bmatrix} \boldsymbol{u}_{0j}^{\mathrm{T}} \boldsymbol{K}_{,1} \boldsymbol{u}_{1i}^{(1)} - \lambda_{0i} \boldsymbol{u}_{0j}^{\mathrm{T}} \boldsymbol{M}_{,1} \boldsymbol{u}_{1i}^{(1)} - \lambda_{1i}^{(1)} \boldsymbol{u}_{0j}^{\mathrm{T}} \boldsymbol{M}_0 \boldsymbol{u}_{1i}^{(1)} - \lambda_{1i}^{(1)} \boldsymbol{u}_{0j}^{\mathrm{T}} \boldsymbol{M}_{,1} \boldsymbol{u}_{0i}, & \cdots, & \boldsymbol{u}_{0j}^{\mathrm{T}} \boldsymbol{K}_{,1} \boldsymbol{u}_{1i}^{(L)} - \lambda_{0i} \boldsymbol{u}_{0j}^{\mathrm{T}} \boldsymbol{M}_{,1} \boldsymbol{u}_{1i}^{(L)} - \lambda_{1i}^{(1)} \boldsymbol{u}_{0j}^{\mathrm{T}} \boldsymbol{M}_0 \boldsymbol{u}_{1i}^{(L)} - \lambda_{1i}^{(L)} \boldsymbol{u}_{0j}^{\mathrm{T}} \boldsymbol{M}_{,1} \boldsymbol{u}_{0i} \\ \vdots & & \vdots \\ \boldsymbol{u}_{0j}^{\mathrm{T}} \boldsymbol{K}_{,L} \boldsymbol{u}_{1i}^{(1)} - \lambda_{0i} \boldsymbol{u}_{0j}^{\mathrm{T}} \boldsymbol{M}_{,L} \boldsymbol{u}_{1i}^{(1)} - \lambda_{1i}^{(L)} \boldsymbol{u}_{0j}^{\mathrm{T}} \boldsymbol{M}_0 \boldsymbol{u}_{1i}^{(1)} - \lambda_{1i}^{(1)} \boldsymbol{u}_{0j}^{\mathrm{T}} \boldsymbol{M}_{,L} \boldsymbol{u}_{0i}, & \cdots, & \boldsymbol{u}_{0j}^{\mathrm{T}} \boldsymbol{K}_{,L} \boldsymbol{u}_{ij}^{(L)} - \lambda_0 \boldsymbol{u}_0^{\mathrm{T}} \boldsymbol{M}_{,L} \boldsymbol{u}_{1i}^{(L)} - \lambda_{1i}^{(L)} \boldsymbol{u}_{0j}^{\mathrm{T}} \boldsymbol{M}_0 \boldsymbol{u}_{1i}^{(L)} - \lambda_{1i}^{(L)} \boldsymbol{u}_{0j}^{\mathrm{T}} \boldsymbol{M}_L \boldsymbol{u}_{0i} \end{bmatrix} \tag{3.56}$$

当 $j = i$ 时

$$h_{(i)} = -\frac{1}{2} \begin{bmatrix} \boldsymbol{u}_{1i}^{(1)\mathrm{T}} \boldsymbol{M}_0 \boldsymbol{u}_{1i}^{(1)} + \boldsymbol{u}_{0i}^{\mathrm{T}} \boldsymbol{M}_{,1} \boldsymbol{u}_{1i}^{(1)} + \boldsymbol{u}_{1i}^{(1)\mathrm{T}} \boldsymbol{M}_{,1} \boldsymbol{u}_{0i}, & \cdots, & \boldsymbol{u}_{1i}^{(L)\mathrm{T}} \boldsymbol{M}_0 \boldsymbol{u}_{1i}^{(1)} + \boldsymbol{u}_{0i}^{\mathrm{T}} \boldsymbol{M}_{,1} \boldsymbol{u}_{1i}^{(L)} + \boldsymbol{u}_{1i}^{(L)\mathrm{T}} \boldsymbol{M}_{,1} \boldsymbol{u}_{0i} \\ \vdots & & \vdots \\ \boldsymbol{u}_{1i}^{(1)\mathrm{T}} \boldsymbol{M}_0 \boldsymbol{u}_{1i}^{(L)} + \boldsymbol{u}_{0i}^{\mathrm{T}} \boldsymbol{M}_{,L} \boldsymbol{u}_{1i}^{(1)} + \boldsymbol{u}_{1i}^{(1)\mathrm{T}} \boldsymbol{M}_{,L} \boldsymbol{u}_{0i}, & \cdots, & \boldsymbol{u}_{1i}^{(L)\mathrm{T}} \boldsymbol{M}_0 \boldsymbol{u}_{1i}^{(L)} + \boldsymbol{u}_{0i}^{\mathrm{T}} \boldsymbol{M}_{,L} \boldsymbol{u}_{1i}^{(L)} + \boldsymbol{u}_{1i}^{(L)\mathrm{T}} \boldsymbol{M}_{,L} \boldsymbol{u}_{0i} \end{bmatrix} \tag{3.57}$$

将原结构特征向量展开成 $n \times n$ 维矩阵

$$\boldsymbol{u}_0 = \begin{bmatrix} u_{011} & u_{021} & \cdots & u_{0n1} \\ u_{012} & u_{022} & \cdots & u_{0n2} \\ \vdots & \vdots & & \vdots \\ u_{01n} & u_{02n} & \cdots & u_{0nn} \end{bmatrix} \tag{3.58}$$

将式(3.58)代入式(3.55)，可得

$$\boldsymbol{H}_{u_{ik}} = \boldsymbol{u}_{01k} \boldsymbol{h}_{(1)} + \boldsymbol{u}_{02k} \boldsymbol{h}_{(2)} + \cdots + \boldsymbol{u}_{0nk} \boldsymbol{h}_{(n)} \tag{3.59}$$

式中，下角标 k 表示第 k 行分量。

同理，令 $\widetilde{\boldsymbol{H}}_{u_{ik}}$ 是 $\boldsymbol{H}_{u_{ik}}$ 和其转置之和

$$\widetilde{\boldsymbol{H}}_{u_{ik}} = \boldsymbol{H}_{u_{jk}} + \boldsymbol{H}_{u_{ik}}^{\mathrm{T}} \tag{3.60}$$

i 阶特征向量 k 行分量的二阶摄动量为

$$\boldsymbol{u}_{2ik} = \frac{1}{2} \Delta\alpha^{\mathrm{T}} \widetilde{\boldsymbol{H}}_{u_{ik}} \Delta\alpha \tag{3.61}$$

3.5 实模态摄动灵敏度矩阵

将 i 阶特征值在初始结构参数点 α_0 附近进行忽略误差项的二阶 Taylor 展开,可得

$$\lambda_i(\alpha) = \lambda_i(\alpha_0) + \boldsymbol{G}_{\lambda_i}^{\mathrm{T}}(\alpha_0)\Delta\alpha + \frac{1}{2}\Delta\alpha^{\mathrm{T}}\boldsymbol{H}_{\lambda_i}(\alpha_0)\Delta\alpha \tag{3.62}$$

式中,$\boldsymbol{G}_{\lambda_i}^{\mathrm{T}}$ 和 $\boldsymbol{H}_{\lambda_i}(\alpha_0)$ 分别是特征值的一阶、二阶灵敏度矩阵

$$\boldsymbol{G}_{\lambda_i}^{\mathrm{T}}(\alpha) = \left[\frac{\partial\lambda_i}{\partial\alpha^{(1)}} \quad \frac{\partial\lambda_i}{\partial\alpha^{(2)}} \quad \cdots \quad \frac{\partial\lambda_i}{\partial\alpha^{(L)}}\right] \tag{3.63}$$

$$\boldsymbol{H}_{\lambda_i}(\alpha) = \begin{bmatrix} \frac{\partial^2\lambda_i}{\partial\alpha^{(1)2}} & \frac{\partial^2\lambda_i}{\partial\alpha^{(1)}\partial\alpha^{(2)}} & \cdots & \frac{\partial^2\lambda_i}{\partial\alpha^{(1)}\partial\alpha^{(L)}} \\ \frac{\partial^2\lambda_i}{\partial\alpha^{(2)}\partial\alpha^{(1)}} & \frac{\partial^2\lambda_i}{\partial\alpha^{(2)2}} & \cdots & \frac{\partial^2\lambda_i}{\partial\alpha^{(2)}\partial\alpha^{(L)}} \\ \vdots & \vdots & & \vdots \\ \frac{\partial^2\lambda_i}{\partial\alpha^{(L)}\partial\alpha^{(1)}} & \frac{\partial^2\lambda_i}{\partial\alpha^{(L)}\partial\alpha^{(2)}} & \cdots & \frac{\partial^2\lambda_i}{\partial\alpha^{(L)2}} \end{bmatrix} \tag{3.64}$$

当 $\boldsymbol{u}_i(\alpha)$ 表示为

$$\boldsymbol{u}_i(\alpha) = [\boldsymbol{u}_{i1}(\alpha), \cdots \boldsymbol{u}_{ik}(\alpha), \cdots \boldsymbol{u}_{in}(\alpha)]^{\mathrm{T}} \tag{3.65}$$

时,将 $\boldsymbol{u}_{ik}(\alpha)$ 在初始结构参数点 α_0 附近作二阶 Taylor 展开时,有

$$\boldsymbol{u}_{ik}(\alpha) = \boldsymbol{u}_{ik}(\alpha_0) + \boldsymbol{G}_{\boldsymbol{u}_\alpha}^{\mathrm{T}}(\alpha_0)\Delta\alpha + \frac{1}{2}\Delta\alpha^{\mathrm{T}}\boldsymbol{H}_{\boldsymbol{u}_\alpha}(\alpha_0)\Delta\alpha \tag{3.66}$$

式中 $\boldsymbol{G}_{uik}^{\mathrm{T}}$ 和 α_0 分别是特征向量 k 行分量的一阶、二阶灵敏度矩阵。

$$\boldsymbol{G}_{\boldsymbol{u}_{ik}}^{\mathrm{T}}(\alpha_0) = \left[\frac{\partial\,\boldsymbol{u}_{ik}}{\partial\alpha^{(1)}} \quad \frac{\partial\,\boldsymbol{u}_{ik}}{\partial\alpha^{(2)}} \quad \cdots \quad \frac{\partial\,\boldsymbol{u}_{ik}}{\partial\alpha^{(L)}}\right] \tag{3.67}$$

$$\boldsymbol{H}_{\boldsymbol{u}_{ik}} = \begin{bmatrix} \frac{\partial^2\boldsymbol{u}_{ik}}{\partial\alpha^{(1)2}} & \frac{\partial^2\boldsymbol{u}_{ik}}{\partial\alpha^{(1)}\partial\alpha^{(2)}} & \cdots & \frac{\partial^2\boldsymbol{u}_{ik}}{\partial\alpha^{(1)}\partial\alpha^{(L)}} \\ \frac{\partial^2\boldsymbol{u}_{ik}}{\partial\alpha^{(2)}\partial\alpha^{(1)}} & \frac{\partial^2\boldsymbol{u}_{ik}}{\partial\alpha^{(2)2}} & \cdots & \frac{\partial^2\boldsymbol{u}_{ik}}{\partial\alpha^{(2)}\partial\alpha^{(L)}} \\ \cdots & \cdots & \cdots & \cdots \\ \frac{\partial^2\boldsymbol{u}_{ik}}{\partial\alpha^{(L)}\partial\alpha^{(1)}} & \frac{\partial^2\boldsymbol{u}_{ik}}{\partial\alpha^{(L)}\partial\alpha^{(2)}} & \cdots & \frac{\partial^2\boldsymbol{u}_{ik}}{\partial\alpha^{(L)2}} \end{bmatrix} \tag{3.68}$$

根据摄动理论,发生微小变化后的 i 阶特征值和特征向量的 k 行分量可以表示为初始值与一阶、二阶摄动量之和,可得

$$\lambda_i = \lambda_{0i} + \widetilde{\boldsymbol{G}}_{\lambda_i}^{\mathrm{T}}\Delta\alpha + \frac{1}{2}\Delta\alpha^{\mathrm{T}}\,\widetilde{\boldsymbol{H}}_{\lambda_j}\Delta\alpha \tag{3.69}$$

$$\boldsymbol{u}_{ik} = \boldsymbol{u}_{0ik} + \widetilde{\boldsymbol{G}}_{u_{ik}}^{\mathrm{T}} \Delta\alpha + \frac{1}{2}\Delta\alpha^{\mathrm{T}} \widetilde{\boldsymbol{H}}_{u_{ik}} \Delta\alpha \tag{3.70}$$

比较式(3.62)与式(3.69)，式(3.66)和式(3.70)，可知，当参数 $\Delta\alpha$ 很小时，由摄动法得到的特征值和特征向量的增量可以近似等于由 Taylor 级数展开法得到的特征值和特征向量的增量。此时，特征值与特征向量 k 行分量的摄动增量矩阵就可以近似等于特征值与特征向量 k 行分量的灵敏度矩阵。

$$\lim_{\Delta\alpha\to 0} \widetilde{\boldsymbol{G}}_{\lambda_i}^{\mathrm{T}} = G_{\lambda_i}^{\mathrm{T}}(\alpha_0) \qquad \lim_{\Delta\alpha\to 0} \widetilde{\boldsymbol{H}}_{\lambda_i} = H_{\lambda_i}(\alpha_0) \tag{3.71}$$

$$\lim_{\Delta\alpha\to 0} \widetilde{\boldsymbol{G}}_{u_{ik}}^{\mathrm{T}} = G_{u_{ik}}^{\mathrm{T}}(\alpha_0) \qquad \lim_{\Delta\alpha\to 0} \widetilde{\boldsymbol{H}}_{\boldsymbol{u}_{ik}} = H_{u_{ik}}(\alpha_0) \tag{3.72}$$

由式(3.71)和(3.72)就可以得到多参数结构实模态特征值和特征向量的一阶摄动灵敏度矩阵$\widetilde{\boldsymbol{G}}_{\lambda i}^{\mathrm{T}}$和$\widetilde{\boldsymbol{G}}_{u_{ik}}^{\mathrm{T}}$，以及二阶摄动灵敏度矩阵$\widetilde{\boldsymbol{H}}_{\lambda_i}$和$\widetilde{\boldsymbol{H}}_{u_{ik}}$。

3.6　数值算例

例 3.6.1　为了说明书中所提算法的正确性，我们通过一个简单的质量单元系统加以证明，如下图所示。

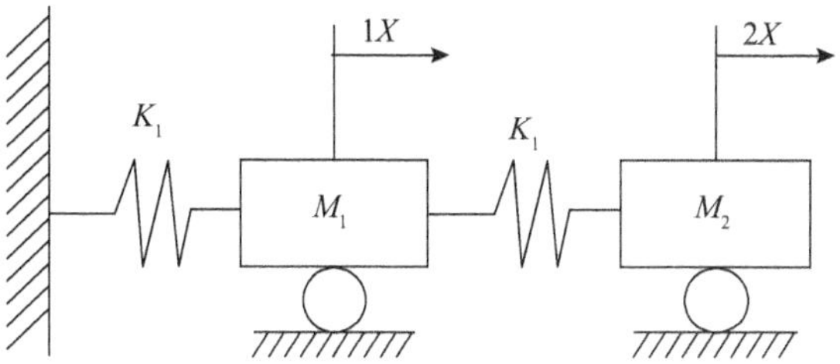

图 3.1　两自由度质量单元系统

系统的质量矩阵、刚度矩阵分别为

$$\boldsymbol{M} = \begin{bmatrix} m_1 & 0 \\ 0 & m_2 \end{bmatrix}, \quad \boldsymbol{K} = \begin{bmatrix} k_1 + k_2 & -k_2 \\ -k_2 & k_2 \end{bmatrix} \tag{3.73}$$

初始系统的特征值与特征向量分别为

$$\lambda_1 = \frac{[(k_1 + k_2)m_2 + k_2 m_1] + \sqrt{[(k_1 + k_2)m_2 + k_2 m_1]^2 - (4m_1 m_2 k_1 k_2)}}{2m_1 m_2} \tag{3.74}$$

$$\lambda_2 = \frac{[(k_1 + k_2)m_2 + k_2 m_1] - \sqrt{[(k_1 + k_2)m_2 + k_2 m_1]^2 - (4m_1 m_2 k_1 k_2)}}{2m_1 m_2} \tag{3.75}$$

$$\boldsymbol{u}_1 = \begin{bmatrix} \dfrac{k_2 - \lambda_1 m_2}{\sqrt{(k_2 - \lambda_1 m_2)^2 m_1 + k_2^2 m_2}} \\ \dfrac{k_1}{\sqrt{(k_2 - \lambda_1 m_2)^2 m_1 + k_2^2 m_2}} \end{bmatrix} \tag{3.76}$$

$$\boldsymbol{u}_2 = \begin{bmatrix} \dfrac{k_2 - \lambda_2 m_2}{\sqrt{(k_2 - \lambda_2 m_2)^2 m_1 + k_2^2 m_2}} \\ \dfrac{k_1}{\sqrt{(k_2 - \lambda_2 m_2)^2 m_1 + k_2^2 m_2}} \end{bmatrix} \tag{3.77}$$

根据直接求导法，当取结构参数为 k_1,k_2,m_1,m_2 时，可得特征值与特征向量关于参数的一阶、二阶灵敏度矩阵。计算当 $k_1=k_2=1\text{N/m}$，$m_1=0.5\text{kg}$，$m_2=1\text{kg}$ 时第一阶特征值和特征向量在 1 点、2 点 x 方向分量对这四个参数的一阶灵敏度矩阵为

$$\boldsymbol{G}_\lambda^{\mathrm{T}} = [1.7276, 2.8339, -7.8805, -0.6212] \tag{3.78}$$

$$\boldsymbol{G}_{\boldsymbol{u}_{1x}}^{\mathrm{T}} = [0.0868, 1.4405, -1.5316, -0.1085] \tag{3.79}$$

$$\boldsymbol{G}_{\boldsymbol{u}_{2x}}^{\mathrm{T}} = [0.2144, -0.2144, 0.3866, 0.3778] \tag{3.80}$$

第一阶特征值和特征向量在 1 点、2 点 x 方向分量的二阶灵敏度矩阵分别为

$$\boldsymbol{H}_\lambda = \begin{bmatrix} 0.2282 & & & \text{symm} \\ -0.2282 & 0.2282 & & \\ -4.0258 & -3.8546 & -31.9788 & \\ -0.2853 & -0.9066 & 0.2282 & 1.3566 \end{bmatrix} \tag{3.81}$$

$$\boldsymbol{H}_{u_{1x}} = \begin{bmatrix} -0.0494 & & & \text{symm} \\ -0.0278 & 0.1051 & & \\ 0.0463 & -0.0463 & 0.1933 & \\ -0.0618 & 0.0618 & 0.1932 & -0.3799 \end{bmatrix} \tag{3.82}$$

$$\boldsymbol{H}_{u_{2x}} = \begin{bmatrix} -0.2103 & & & \text{symm} \\ -0.0041 & 0.2185 & & \\ 0.2939 & -0.2939 & -0.3869 & \\ -0.2541 & 0.2541 & -0.3865 & 0.7600 \end{bmatrix} \tag{3.83}$$

根据本章提出的算法，计算当参数发生微小改变 $\varepsilon\alpha$，其中 $\varepsilon=0.001$ 时的特征值与特征向量的摄动灵敏度矩阵。

根据式(3.7)可得刚度、质量矩阵的一阶增量阵为

$$\boldsymbol{K}_1 = \sum_{t=1}^{2} \boldsymbol{K}_{,t}\Delta\alpha^{(t)} = \begin{bmatrix} 1 & 0 \\ 0 & 0 \end{bmatrix} \times 1 + \begin{bmatrix} 1 & -1 \\ -1 & 1 \end{bmatrix} \times 1 \tag{3.84}$$

$$\boldsymbol{M}_1=\sum_{t=1}^{2}\boldsymbol{M}_{,t}\Delta\alpha^{(t)}=\begin{bmatrix}1 & 0\\ 0 & 0\end{bmatrix}\times 1+\begin{bmatrix}0 & 0\\ 0 & 1\end{bmatrix}\times 1 \tag{3.85}$$

根据式(3.30)和(3.36),计算第一阶特征值和特征向量的 1 点、2 点 x 方向分量对这四个参数的一阶摄动灵敏度矩阵为

$$\widetilde{\boldsymbol{G}}_{\lambda}^{\mathrm{T}}=[1.727606,2.833945,-7.880570,-0.621267] \tag{3.86}$$

$$\widetilde{\boldsymbol{G}}_{u_{1x}}^{\mathrm{T}}=[0.086834,1.440524,-1.513147,0.108543] \tag{3.87}$$

$$\widetilde{\boldsymbol{G}}_{u_{2x}}^{\mathrm{T}}=[0.214403,0.0.214403,0.386583,-0.377815] \tag{3.88}$$

根据式(3.49)可得

$$\boldsymbol{h}_{\lambda}=\begin{bmatrix}0.11413 & & & \text{symm}\\ -0.11413 & 0.11413 & & \\ -2.01294 & -1.92734 & -15.9894 & \\ -0.14266 & -0.45330 & 0.11413 & 0.67833\end{bmatrix} \tag{3.89}$$

根据式(3.50),可得第一阶特征值 λ 对多参数的二阶摄动灵敏度矩阵

$$\widetilde{\boldsymbol{H}}_{\lambda}=\boldsymbol{h}_{\lambda}+\boldsymbol{h}_{\lambda}^{\mathrm{T}}=\begin{bmatrix}0.22826 & & & \text{symm}\\ -0.22826 & 0.22826 & & \\ -4.02588 & -3.85468 & -31.97881 & \\ -0.28533 & -0.90660 & 0.22826 & 1.35667\end{bmatrix} \tag{3.90}$$

根据式(3.59)可得

$$\boldsymbol{H}_{u_{1x}}=\begin{bmatrix}-0.0494 & -0.0494 & 0.0920 & -0.1233\\ -0.1051 & 0.1051 & 0.6132 & -0.2293\\ 0.0006 & -0.7059 & 0.1933 & 0.7222\\ -0.0003 & 0.3529 & -0.33577 & -0.3799\end{bmatrix} \tag{3.91}$$

根据式(3.60),可得 1 点的 x 方向分量对多参数的二阶摄动灵敏度矩阵

$$\widetilde{\boldsymbol{H}}_{u_{1x}}=\boldsymbol{H}_{u_{1x}}+\boldsymbol{H}_{u_{1x}}^{\mathrm{T}}=\begin{bmatrix}-0.0494 & & & \text{symm}\\ -0.0278 & 0.1051 & & \\ 0.0463 & -0.0463 & 0.1933 & \\ -0.0618 & 0.0618 & 0.1932 & -0.3799\end{bmatrix} \tag{3.92}$$

同理可得 2 点的 x 方向分量对多参数的二阶摄动灵敏度矩阵

$$\widetilde{\boldsymbol{H}}_{u_{2x}}=\boldsymbol{H}_{u_{2x}}+\boldsymbol{H}_{u_{2x}}^{\mathrm{T}}=\begin{bmatrix}-0.2103 & & & \text{symm}\\ -0.0041 & 0.2185 & & \\ 0.2939 & -0.2939 & -0.3869 & \\ -0.2541 & 0.2541 & -0.3865 & 0.7600\end{bmatrix} \tag{3.93}$$

比较用直接求导法得出的式(3.79)至式(3.83)和用本章算法得到的摄动灵敏度矩阵式(3.88)至(3.93),可以发现两者近乎相等。这说明,当参数变化较小时,特征值和特征向量一阶、二阶摄动灵敏度矩阵是特征值和特征向量一阶、二阶灵敏度矩阵,即梯度阵和 Hessian 矩阵的有效近似算法。

下面是根据式(3.86)和(3.87)的计算结果,描绘当 $0\leqslant\frac{\Delta\alpha_t}{\alpha_t}\leqslant0.2$ 时,结构第一阶特征值和特征向量 1 点、2 点 x 方向分量的一阶摄动灵敏度变化曲线图。图中横坐标是参数变化的倍数,纵坐标是相对于各参数的特征值一阶摄动灵敏度。

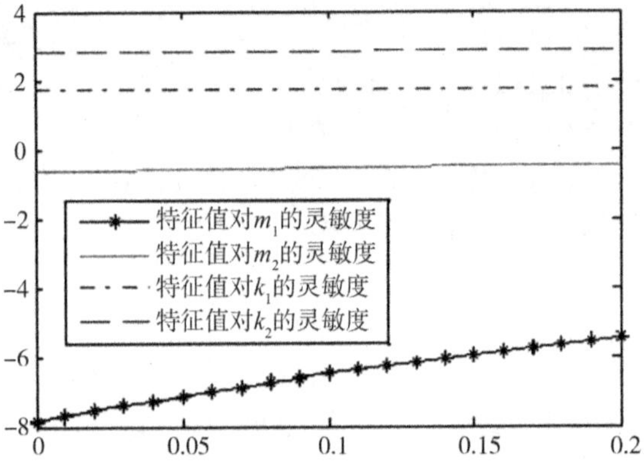

图 3.2 各参数变化时第一阶特征值 λ_1 对多参数的一阶摄动灵敏度

从图 3.2 可以看出,系统特征值关于参数 m_1 的一阶摄动灵敏度最大,关于参数 m_2 的一阶摄动灵敏度最小,而且 m_1 的灵敏度在逐渐减小,其他三个参数的摄动灵敏度变化不大。下面四幅图分别是 m_1,m_2,k_1 和 k_2 变化时特征值关于其他三个参数的一阶摄动灵敏变化曲线。

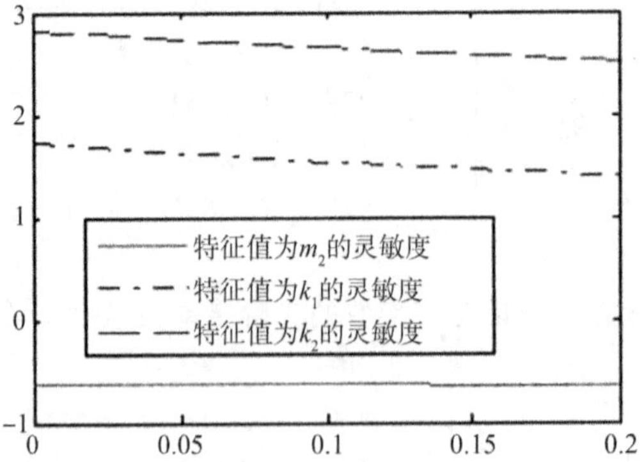

图 3.3 m_1 变化时对 m_2,k_1 和 k_2 的一阶摄动灵敏度

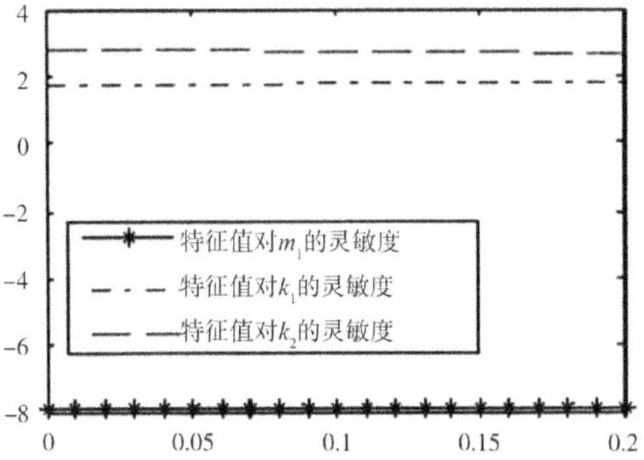

图 3.4　m_2 变化时 λ_1 对 m_1，k_1 和 k_2 的一阶摄动灵敏度

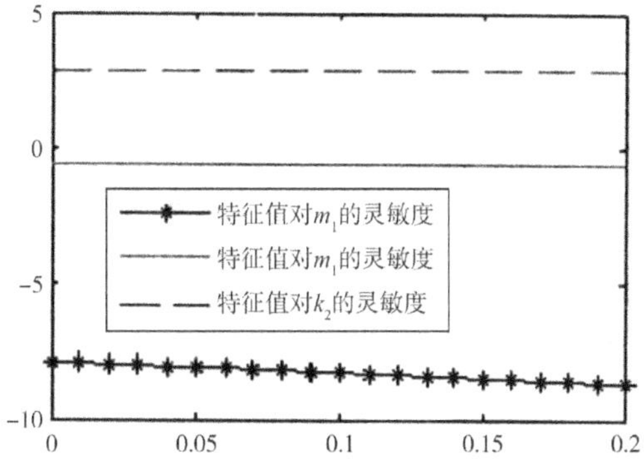

图 3.5　k_1 变化时 λ_1 对 m_1，m_2 和 k_2 的一阶摄动灵敏度

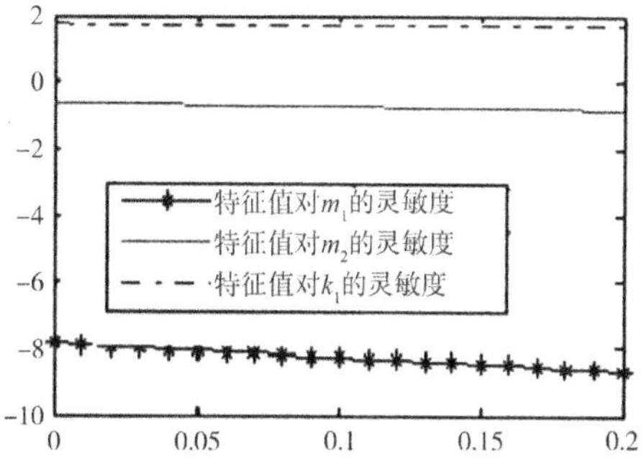

图 3.6　k_2 变化时 λ_1 对 m_1，m_2 和 k_1 的一阶摄动灵敏度

图 3.3 至图 3.6 的横轴是结构指定参数 $\Delta\alpha_t/\alpha_t$ 变化的倍数，纵轴是特征值一阶摄动灵敏度大小。

从图 3.3 可以看出随着参数 m_1 的变化，特征值关于参数 m_2 的一阶摄动灵敏度变化不大，关于 k_1，k_2 的灵敏度在逐渐变小。

在图 3.4 中，参数 m_2 在指定范围内的变化对特征值关于其他三个参数的一阶摄动灵敏度影响很小。

在图 3.5 和 3.6 中，随着参数 k_1，k_2 的增加，特征值关于参数 m_1 的一阶摄动灵敏度在逐渐增大，而关于其他两个参数的灵敏度变化很小。

下图 3.7 是结构一阶特征向量 1 点的 x 方向分量对结构的一阶摄动灵敏度曲线图。从图中可以看出，1 点的 x 方向分量关于参数 m_1 和 k_2 一阶摄动灵敏度较大，随着参数的增加灵敏度有所降低，而 1 点的 x 方向分量对参数 m_2 和 k_1 的灵敏度一直较小。

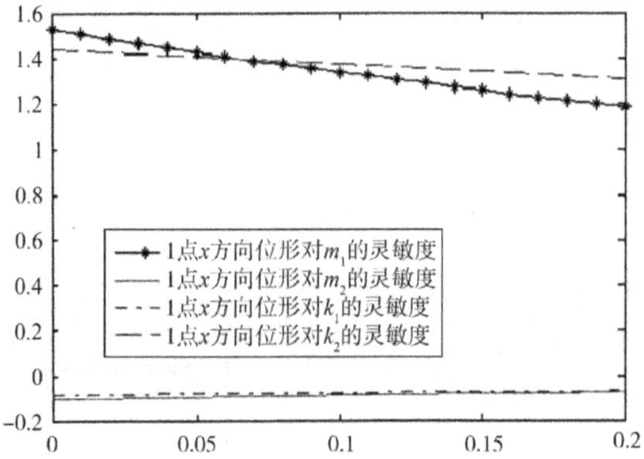

图 3.7　各参数变化时 1 点 x 方向分量对多参数的一阶摄动灵敏度

下图 3.8 是结构一阶特征向量 2 点的 x 方向分量对多参数的一阶摄动灵敏度关系。

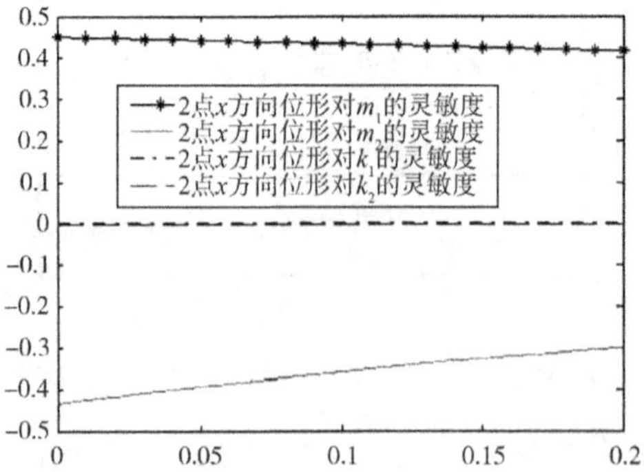

图 3.8　各参数变化时 2 点 x 方向分量对多参数的一阶摄动灵敏度

从上面两幅图可以看出，一阶特征向量 1 点、2 点的 x 方向分量关于参数 m_1 的一阶摄动灵敏度较高，对于 k_1 的一阶摄动灵敏度较小。此外，1 点 x 方向分量随着参数的增加，关于 m_1、k_2 的一阶摄动灵敏度在逐渐降低。2 点的 x 方向分量随着参数的增加对参数 m_2 灵敏度降低幅度较大。

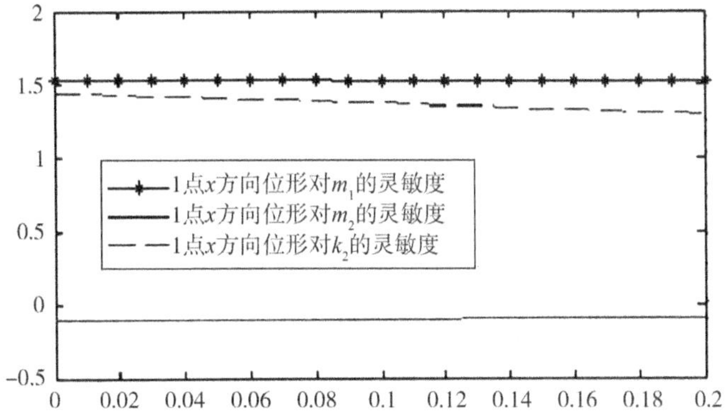

图 3.9　k_1 变化时 1 点 x 方向分量对 m_1,m_2 和 k_2 的一阶摄动灵敏度

图中，在 k_1 的变化范围内，一阶特征向量 1 点 x 方向分量关于参数 m_1 的一阶摄动灵敏度较大，关于 m_2 的一阶摄动灵敏度很小，随着参数 k_1 的增加 1 点 x 方向分量关于参数 k_2 的灵敏度在逐渐减小。

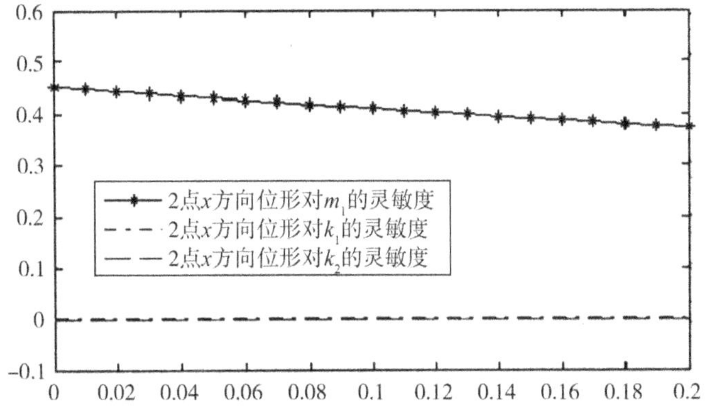

图 3.10　m_2 变化时 2 点 x 方向分量对 m_1,k_1 和 k_2 的一阶摄动灵敏度

上图中，在 m_2 的变化范围内，一阶特征向量 2 点 x 方向分量关于参数 k_1，k_2 的一阶摄动灵敏度一直很小。随着参数 m_2 的增加，2 点 x 方向分量关于 m_1 的一阶摄动灵敏度在逐渐减小。

根据对上面特征值与特征向量一阶摄动灵敏度图形的研究，可以很直观地观测出多个参数对结构特征值和特征向量的影响程度，从而为结构动态设计提供指导。下面，将介绍该方法对结构重分析问题的有效性。

例 3.6.2 对简易车身模型进行灵敏度分析。车身结构如下图 3.11 所示，该车身由 228 个梁单元和 56 个板单元组成，材料的弹性模量 $E=2.1\times10^5\ \mathrm{N/mm^2}$，$\rho=7.85\times10^{-3}\ \mathrm{g/mm^3}$。选择图中所示的三段梁单元截面厚度 t（如图3.12）作为结构变量，对车身第一阶扭转模态和图中 1 点的振型进行灵敏度分析。表 3.1 为这三种梁单元的截面尺寸。

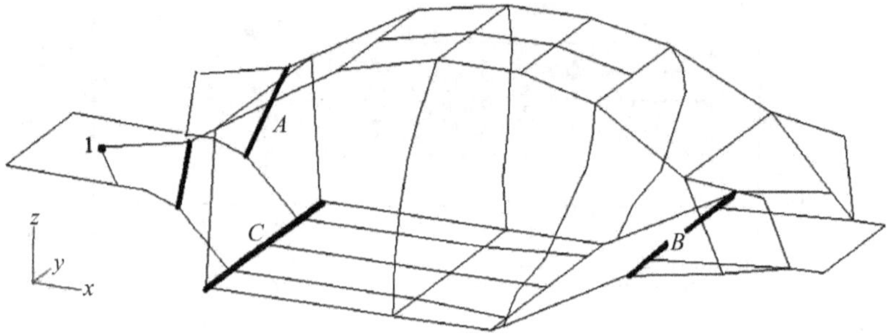

图 3.11 车身模型

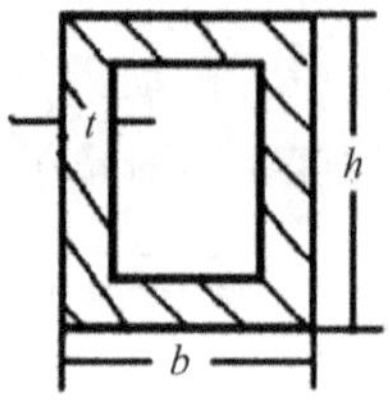

图 3.12 梁截面形式

通过有限元程序计算，结构的第一阶扭转频率为 37.32Hz，车身变形如下图。

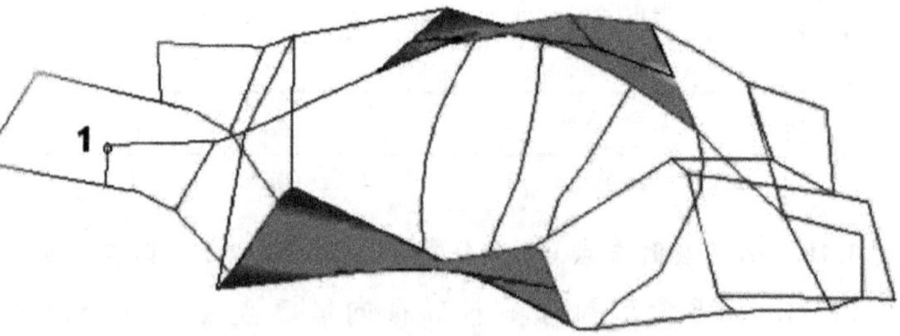

图 3.13 车身一阶扭转变形图

下表 3.1 是图 3.11 中所示梁 A，B，C 的截面参数。

表 3.1　梁单元 *A*,*B*,*C* 截面几何尺寸

Beam	b/mm	h/mm	t/mm	Area/mm^2
A	60	60	1	236
B	50	50	0.6	118
C	80	60	1	276

当 $\varepsilon=0.001$ 时，用下式的差分法计算第一阶扭转模态特征值的一阶灵敏度矩阵 $\boldsymbol{G}_\lambda$。

$$[\boldsymbol{G}_\lambda]_t=\frac{\partial\lambda_i}{\partial\alpha_t}=\frac{\Delta\lambda_i(\alpha+\Delta\alpha_t)-\Delta\lambda_i(\alpha)}{\Delta\alpha_t}\quad t=1,2,\cdots,L \tag{3.94}$$

式中，$[\boldsymbol{G}_\lambda]_t$ 表示矩阵 $\boldsymbol{G}_\lambda$ 的元素。

再用本章中提出的算法计算当 $\varepsilon=0.001$ 时结构的第一阶扭转模态特征值的一阶摄动灵敏度矩阵 $\widetilde{\boldsymbol{G}}_\lambda$。

从下式可以看出，这两种算法得到的结果近似相等。

$$\boldsymbol{G}_\lambda(\alpha_0)\approx\widetilde{\boldsymbol{G}}_\lambda=\begin{bmatrix}269.0509\\3046.416\\187.8192\end{bmatrix} \tag{3.95}$$

同理，用差分法计算特征值的二阶灵敏度矩阵。

首先，设

$$\Delta\lambda_{i,t}=\frac{\partial\lambda_i}{\partial\alpha_t}\quad t=1,2,\cdots,L \tag{3.96}$$

那么二阶灵敏度矩阵 $\boldsymbol{H}_\lambda$

$$[\boldsymbol{H}_\lambda]_{tk}=\frac{\partial\lambda_i^2}{\partial\alpha_t\partial\alpha_k}=\frac{\Delta\lambda_{i,t}(\alpha+\Delta\alpha_k)-\Delta\lambda_{i,t}(\alpha)}{\Delta\alpha_k}\quad t,k=1,2,\cdots,L \tag{3.97}$$

再根据本章中提出的算法式(3.50)计算第一阶扭转模态特征值的二阶摄动灵敏度矩阵 $\widetilde{\boldsymbol{H}}_\lambda$。

可以看到两种算法得到的结果近似相等。

$$\boldsymbol{H}_\lambda(\alpha_0)\approx\widetilde{\boldsymbol{H}}_\lambda=\begin{bmatrix}-4032.3287 & & \text{symm}\\-806.8662 & -2553.8234 & \\114.7197 & 216.7541 & -1813.1660\end{bmatrix} \tag{3.98}$$

对于 1 节点的振型变化可以用该点的特征向量 x 方向分量做为对象加以观测。

首先，用差分法式(3.99)计算该点第一阶扭转模态 $\boldsymbol{x}$ 方向分量的一阶灵敏度矩阵 $\boldsymbol{G}_u$。

$$[\boldsymbol{G}_u]_t = \frac{\partial \boldsymbol{u}_{ik}}{\partial \alpha_t} = \frac{\Delta \boldsymbol{u}_{ik}(\alpha + \Delta\alpha_t) - \Delta \boldsymbol{u}_{ik}(\alpha)}{\partial \alpha_t} \quad t = 1,2,\cdots,L \tag{3.99}$$

其中，$[\boldsymbol{G}_u]_t$ 是矩阵 $\boldsymbol{G}_u$ 的元素。

再根据本章中算法式(3.36)计算 1 节点第一阶特征向量 $\boldsymbol{x}$ 方向分量的一阶摄动灵敏度矩阵 $\boldsymbol{G}_{u_{1x}}$。可以看出，两种算法得到的结果近似相等。

$$\boldsymbol{G}_{u_{1x}}(\alpha_0) \approx \widetilde{\boldsymbol{G}}_{u_{1x}} = \begin{bmatrix} -3.5188 \\ -17.924 \\ -5.3446 \end{bmatrix} \times 10^{-2} \tag{3.100}$$

同理，用差分法计算特征向量 $\boldsymbol{x}$ 方向分量的二阶灵敏度矩阵 $\boldsymbol{H}_u$。

设

$$\Delta \boldsymbol{u}_{i,t} = \frac{\partial \boldsymbol{u}_i}{\partial \alpha_t} \quad t = 1,2,\cdots,L \tag{3.101}$$

那么

$$[\boldsymbol{H}_u]_{tk} = \frac{\partial \boldsymbol{u}_i^2}{\partial \alpha_t \partial \alpha_k} = \frac{\Delta \boldsymbol{u}_{i,t}(\alpha + \Delta\alpha_k) - \Delta \boldsymbol{u}_{i,t}(\alpha)}{\Delta \alpha_k} \quad t,k = 1,2,\cdots,L \tag{3.102}$$

在根据本章中方法计算特征向量 $\boldsymbol{x}$ 方向分量的二阶摄动灵敏度矩阵$\widetilde{\boldsymbol{H}}_{u_{1x}}$。可以看出，二者近似相等。

$$\boldsymbol{H}_{u_{1x}}(\alpha_0) \approx \widetilde{\boldsymbol{H}}_{u_{1x}} = \begin{bmatrix} -3.5928 & & \text{symm} \\ -1.6345 & -6.6022 & \\ -0.0388 & 0.0929 & 2.6595 \end{bmatrix} \times 10^{-2} \tag{3.103}$$

从上面得到的结果可以看出当参数变化较小时，用本章方法计算得到的摄动灵敏度矩阵可以很好地近似于结构特征灵敏度矩阵。

当 $\varepsilon=0.005$ 时，用本章中方法计算第一阶扭转模态特征值的一阶摄动灵敏度矩阵

$$\widetilde{\boldsymbol{G}}_\lambda = \begin{bmatrix} 268.7317 \\ 3045.4316 \\ 187.6210 \end{bmatrix} \tag{3.104}$$

特征值的二阶摄动灵敏度矩阵

$$\widetilde{\boldsymbol{H}}_\lambda = \begin{bmatrix} -4031.0080 & & \text{symm} \\ -806.4164 & -2552.2985 & \\ 114.6486 & 216.6034 & -1812.2300 \end{bmatrix} \tag{3.105}$$

1 节点特征向量 $\boldsymbol{x}$ 方向分量的一阶摄动灵敏度矩阵

$$\widetilde{\boldsymbol{G}}_{u_{1x}}=\begin{bmatrix}-3.5193\\-17.9188\\-5.3434\end{bmatrix}\times 10^{-2} \tag{3.106}$$

特征向量 $\boldsymbol{x}$ 方向分量的二阶摄动灵敏度矩阵

$$\widetilde{\boldsymbol{H}}_{u_{1x}}=\begin{bmatrix}-3.5916 & & \text{symm}\\-1.6747 & -6.5983 & \\-0.0388 & 0.0928 & 2.6582\end{bmatrix}\times 10^{-2} \tag{3.107}$$

当 $\varepsilon=0.01$ 时，用本章中方法计算第一阶扭转模态特征值的一阶摄动灵敏度矩阵

$$\widetilde{\boldsymbol{G}}_{\lambda}=\begin{bmatrix}267.9363\\3044.3378\\187.3707\end{bmatrix} \tag{3.108}$$

特征值的二阶摄动灵敏度矩阵

$$\widetilde{\boldsymbol{H}}_{\lambda}=\begin{bmatrix}-4028.6135 & & \text{symm}\\-805.8389 & -2550.6845 & \\114.5604 & 216.4491 & -1811.4137\end{bmatrix} \tag{3.109}$$

1 节点特征向量 $\boldsymbol{x}$ 方向分量的一阶摄动灵敏度矩阵

$$\widetilde{\boldsymbol{G}}_{u_{1x}}=\begin{bmatrix}-3.5210\\-17.9128\\-5.3424\end{bmatrix}\times 10^{-2} \tag{3.110}$$

特征向量 $\boldsymbol{x}$ 方向分量的二阶摄动灵敏度矩阵

$$\widetilde{\boldsymbol{H}}_{u_{1x}}=\begin{bmatrix}-3.5892 & & \text{symm}\\-1.6324 & -6.5942 & \\-0.0387 & 0.0927 & 2.6571\end{bmatrix}\times 10^{-2} \tag{3.111}$$

下表 3.2 和 3.3 是结构 α 分别发生 $\frac{1}{1000},\frac{5}{1000},\frac{1}{100},\frac{2}{100}$ 变化时，用差分法和多参数结构实模态摄动灵敏度方法计算的第一阶扭转模态特征值和特征向量 $\boldsymbol{x}$ 方向分量的一、二阶近似解与精确解的比较。其中方法一是差分法，方法二是本章中所提出的多参数摄动灵敏度方法。

从表中计算结果可以看出，在参数变化较小的情况下，用特征值和特征向量的一阶、二阶摄动灵敏度矩阵计算新结构的特征值和特征向量非常有效。

表 3.2　两种方法计算特征值的一阶、二阶近似值与精确值的比较

	ε	$\frac{1}{1000}$	$\frac{5}{1000}$	$\frac{1}{100}$	$\frac{2}{100}$
方法一	A	5.652852	5.654241	5.655956	5.659309
	B	5.652853	5.654254	5.656006	5.659509
	C	5.652852	5.654242	5.655959	5.659322
	$E_1(10^{-4})$	0.082	2.194	8.884	35.24
	$E_2(10^{-4})$	0	0.127	0.580	2.198
方法二	A	5.652852	5.654241	5.655956	5.659309
	B	5.652853	5.654253	5.656002	5.659493
	C	5.652852	5.654241	5.655908	5.659307
	$E_1(10^{-4})$	0.082	2.058	8.197	32.52
	$E_2(10^{-4})$	0	0.007	0.059	0.469

表 3.3　两种方法计算特征向量 x 方向分量的一阶、二阶近似值与精确值的比较

	ε	$\frac{1}{1000}$	$\frac{5}{1000}$	$\frac{1}{100}$	$\frac{2}{100}$
方法一	A	1.138066	1.138426	1.138870	1.139741
	B	1.137976	1.138429	1.138882	1.139788
	C	1.138066	1.138427	1.138876	1.139766
	$E_1(10^{-4})$	0.093	2.55	10.327	41.203
	$E_2(10^{-4})$	0.046	1.376	5.631	22.433
方法二	A	1.138066	1.138426	1.138870	1.139741
	B	1.138066	1.138428	1.138881	1.139783
	C	1.138066	1.138426	1.138870	1.139740
	$E_1(10^{-4})$	0.093	2.33	9.314	36.915
	$E_2(10^{-4})$	0	0.008	0.066	0.526

表 3.2 和 3.3 中：

A 表示修改后结构的精确值；

B 表示修改后结构的一阶近似值；

C 表示修改后结构的二阶近似值；

E_1 表示修改后一阶近似值与精确值的误差；

E_2 表示修改后二阶近似值与精确值的误差。

文中误差的计算公式为

$$E_1 = \frac{|A-B|}{|A|} \times 100\% \quad E_2 = \frac{|A-C|}{|A|} \times 100\%$$

3.7　本章小结

本章首先将刚度阵和质量阵的增量作为参数的隐函数进行一阶 Taylor 级数展开，得到表示参数与结构系数矩阵的函数，然后根据矩阵摄动法的特征值和特征向量的一阶、二阶摄动公式，推导出特征值和特征向量的一阶、二阶摄动灵敏度公式，以及多个参数情况下特征值和特征向量的一阶、二阶摄动灵敏度矩阵，即梯度矩阵、Hessian 矩阵的近似计算方法，解决了由于特征值和特征向量不显含结构参数，其多参数导数矩阵无法直接计算的问题。最后根据本章提出的方法，对具有多个设计变量的弹簧质量系统特征灵敏度问题进行了研究，用图表分析了结构特征值和特征向量的摄动灵敏度与结构参数间的关系，并用车身结构重分析的算例说明了该方法具有的良好精度。

第 4 章 单参数复模态灵敏度算法

4.1 引 言

前几章我们讨论了结构振动的理想情况，即质量阵、刚度阵为实对称矩阵，结构无阻尼时的特征灵敏度问题。然而，在实际工程中还存在结构具有一般非比例阻尼、离散阻尼器、控制系统和结构系统耦合等各种问题。此时，结构的刚度、质量和阻尼矩阵可能不再是对称的，一般不再满足 Rayleigh 阻尼在实模态变换的对角化条件，其振动方程不能通过实模态变换而解耦；再用实模态方法对结构进行动力学修改就受到了限制，需要采用复模态理论进行求解。

本章从讨论复模态特征值一阶灵敏度的定义出发，介绍了几种以模态展开法和 Nelson 法为基础的计算单参数复模态特征灵敏度的方法，其中重点介绍了 Najeh Guedria 的代数法和 Sondipon Adhikari 的模态展开法。

4.2 基础知识

具有 n 个自由度的离散系统自由振动方程为

$$\boldsymbol{M}\ddot{q}(t)+\boldsymbol{C}\dot{q}(t)+\boldsymbol{K}q(t)=0 \tag{4.1}$$

将谐函数 $q(t)=q\mathrm{e}^{st}=q\mathrm{e}^{i\omega t}(S=i\omega)$代入式(4.1)

$$(S^2\boldsymbol{M}q+S\boldsymbol{C}q+\boldsymbol{K}q)\mathrm{e}^{st}=0 \tag{4.2}$$

其相应的右特征值问题为

$$(\boldsymbol{M}S_i^2+\boldsymbol{C}S_i+\boldsymbol{K})\boldsymbol{x}_i=0 \tag{4.3}$$

相应的伴随特征值问题为

$$(\boldsymbol{M}S_i^2+\boldsymbol{C}S_i+\boldsymbol{K})^{\mathrm{T}}\boldsymbol{y}_i=0 \tag{4.4}$$

转置式(4.4)，得

$$\boldsymbol{y}_i^{\mathrm{T}}(\boldsymbol{M}S_i^2+\boldsymbol{C}S_i+\boldsymbol{K})=0 \tag{4.5}$$

通常，把向量$\boldsymbol{x}_i$称为右特征向量，$\boldsymbol{y}_i$为左特征向量。

引入状态变换矩阵$\boldsymbol{T}$

$$\boldsymbol{T}=\begin{bmatrix} SI \\ I \end{bmatrix} \tag{4.6}$$

得到对应于$\boldsymbol{x}_i$和$\boldsymbol{y}_i$的复模态向量$\boldsymbol{u}_i$和$\boldsymbol{v}_i$

$$\boldsymbol{u}_i=\boldsymbol{T}\boldsymbol{x}_i\ \boldsymbol{v}_i=\boldsymbol{T}\boldsymbol{y}_i \tag{4.7}$$

从而式(4.3)和(4.5)可改写为

$$(AS_i+B)u_i=0 \tag{4.8}$$

$$(AS_i+B)^{\mathrm{T}}v_i=0 \tag{4.9}$$

其中，

$$\boldsymbol{A}=\begin{bmatrix} 0 & \boldsymbol{M} \\ \boldsymbol{M} & \boldsymbol{C} \end{bmatrix}\quad \boldsymbol{B}=\begin{bmatrix} -\boldsymbol{M} & 0 \\ 0 & \boldsymbol{K} \end{bmatrix} \tag{4.10}$$

容易证明，特征问题(4.8)与其伴随特征问题(4.9)有相同的特征值。其特征方程均为

$$\det(\boldsymbol{AS}+\boldsymbol{B})=0 \tag{4.11}$$

该方程在复域中有 $2n$ 个特征根 S_i，$i=1,2,\cdots,2n$ 和特征向量。

对应于 S_i 的右、左特征向量$\boldsymbol{u}_i$和$\boldsymbol{v}_i$应满足

$$(\boldsymbol{A}S_i+\boldsymbol{B})\boldsymbol{u}_i=0 \tag{4.12}$$

$$(\boldsymbol{A}S_i+\boldsymbol{B})^{\mathrm{T}}\boldsymbol{v}_i=0 \tag{4.13}$$

且满足如下正交关系

$$\boldsymbol{v}_j^{\mathrm{T}}\boldsymbol{A}\boldsymbol{u}_i=\delta_{ij},\quad \boldsymbol{v}_j^{\mathrm{T}}\boldsymbol{B}\boldsymbol{u}_i=-S_i\delta_{ij} \tag{4.14}$$

其中，$\delta_{ij}=\begin{cases}1 & i=j \\ 0 & i\neq j\end{cases}$

对于复模态右、左特征向量尽管有上面的归一化条件，仍然不能唯一确定下来。这里补充一个目前通用的约束条件。

设右、左特征向量的某一对应分量相等

$$\{\boldsymbol{u}_i\}_{n_i}=\{\boldsymbol{v}_i\}_{n_i} \tag{4.15}$$

式中，$\{\cdot\}_{n_i}$表示向量的第 n_i 个分量，n_i 应使得右、左特征向量相应分量的模最大。

$$|\{\boldsymbol{u}_i\}_{n_i}||\{\boldsymbol{v}_i\}_{n_i}|=\max_{m_i}(|\{\boldsymbol{u}_i\}_{m_i}||\{v_i\}_{m_i}|) \tag{4.16}$$

根据式(4.16)处理过后的复特征向量可以保证唯一性。

下面将方程(4.3)对参数 α 求导

$$(S_i^2\boldsymbol{M}+S_i\boldsymbol{C}+\boldsymbol{K})\frac{\partial \boldsymbol{u}_i}{\partial\alpha}=-\frac{\partial S_i}{\partial\alpha}(2S_i\boldsymbol{M}+\boldsymbol{C})\boldsymbol{u}_i-\left(S_i^2\frac{\partial\boldsymbol{M}}{\partial\alpha}+S_i\frac{\partial\boldsymbol{C}}{\partial\alpha}+\frac{\partial\boldsymbol{K}}{\partial\alpha}\right)\boldsymbol{u}_i \tag{4.17}$$

同理对式(4.4)求导可以得到

$$(S_i^2\boldsymbol{M}+S_i\boldsymbol{C}+\boldsymbol{K})^{\mathrm{T}}\frac{\partial \boldsymbol{v}_i}{\partial\alpha}=-\frac{\partial S_i}{\partial\alpha}(2S_i\boldsymbol{M}+\boldsymbol{C})^{\mathrm{T}}\boldsymbol{v}_i-\left(S_i^2\frac{\partial\boldsymbol{M}}{\partial\alpha}+S_i\frac{\partial\boldsymbol{C}}{\partial\alpha}+\frac{\partial\boldsymbol{K}}{\partial\alpha}\right)^{\mathrm{T}}\boldsymbol{v}_i \tag{4.18}$$

将式(4.17)两边左乘$\boldsymbol{v}_i^{\mathrm{T}}$,并考虑到右、左特征向量的正交性,可以得到复特征值的一阶导数

$$\frac{\partial S_i}{\partial\alpha}=-\frac{\boldsymbol{v}_i^{\mathrm{T}}\left(S_i^2\frac{\partial\boldsymbol{M}}{\partial\alpha}+S_i\frac{\partial\boldsymbol{C}}{\partial\alpha}+\frac{\partial\boldsymbol{K}}{\partial\alpha}\right)\boldsymbol{u}_i}{\boldsymbol{v}_i^{\mathrm{T}}(2S_i\boldsymbol{M}+\boldsymbol{C})\boldsymbol{u}_i} \tag{4.19}$$

式(4.19)给出复模态特征值一阶灵敏度的定义,但右、左特征向量$\frac{\partial\boldsymbol{u}_i}{\partial\alpha}$,$\frac{\partial\boldsymbol{v}_i}{\partial\alpha}$的一阶灵敏度无法用直接求导法从式(4.17)和(4.18)得出,需要采用其他方法配合求解。

4.3 复模态一阶灵敏度

从第2章的介绍可以知道,模态展开法和 Nelson 方法对于求解单参数实模态一阶特征灵敏度非常有效,这里将介绍几种在这两种方法基础上计算单参数复模态特征灵敏度的方法。

4.3.1 改进模态法

文献[199]提出的改进模态法是只有 L 阶低阶特征解已知情况下的部分模态展开法。首先,求用 $2n$ 阶特征向量的全模态展开法表示的特征向量对设计参数 α 的一阶导数

$$\frac{\partial\boldsymbol{u}_i}{\partial\alpha}=\sum_{k=1}^{2n}m_{ik}\boldsymbol{u}_i\quad i=1,2,\cdots,2n \tag{4.20}$$

$$\frac{\partial\boldsymbol{v}_i}{\partial\alpha}=\sum_{k=1}^{2n}n_{ik}\boldsymbol{v}_i\quad i=1,2,\cdots,2n \tag{4.21}$$

其中

$$m_{ik}=\begin{cases}\dfrac{\boldsymbol{v}_i^{\mathrm{T}}\left(\dfrac{\partial\boldsymbol{A}}{\partial\alpha}-\dfrac{\partial S_i}{\partial\alpha}-S_i\dfrac{\partial\boldsymbol{B}}{\partial\alpha}\right)\boldsymbol{u}_i}{S_i-S_k} & i\neq k\\ -\dfrac{1}{2}\left(\boldsymbol{u}_i^{\mathrm{T}}\dfrac{\partial\boldsymbol{B}}{\partial\alpha}\boldsymbol{u}_i+\displaystyle\sum_{\substack{j=1\\ j\neq i}}^{n}m_{ij}\boldsymbol{u}_j^{\mathrm{T}}(\boldsymbol{B}+\boldsymbol{B}^{\mathrm{T}})\boldsymbol{u}_i\right. & i=k\end{cases} \tag{4.22}$$

$$n_{ik}=\begin{cases}\dfrac{\boldsymbol{v}_i^{\mathrm{T}}\left(\dfrac{\partial \boldsymbol{A}}{\partial\alpha}-\dfrac{\partial S_i}{\partial\alpha}-S_i\dfrac{\partial \boldsymbol{B}}{\partial\alpha}\right)\boldsymbol{u}_k}{S_i-S_k} & i\neq k\\ -\boldsymbol{v}_i^{\mathrm{T}}\dfrac{\partial \boldsymbol{B}}{\partial\alpha}\boldsymbol{u}_i-m_{ii} & i=k\end{cases}\tag{4.23}$$

当只有 L 阶低阶特征解可以精确求解且 $L<<2n$ 时，文献[199]提出了改进的部分模态展开法，该方法要求矩阵 A 不是奇异的，其主要推导过程如下。

将公式(4.20)改写成下式

$$\frac{\partial \boldsymbol{u}_i}{\partial\alpha}=m_{ii}\boldsymbol{u}_i+z_i\tag{4.24}$$

其中，

$$z_i=\sum_{\substack{j=1\\ j\neq i}}^{n}a_{ij}\boldsymbol{u}_j\tag{4.25}$$

考虑到式(4.22)，式(4.25)可转化为

$$z_i=\sum_{\substack{j=1\\ j\neq i}}^{n}\frac{\boldsymbol{v}_j^{\mathrm{T}}F_i}{S_i-S_j}\boldsymbol{u}_j=\sum_{\substack{j=1\\ j\neq i}}^{L}\frac{\boldsymbol{v}_j^{\mathrm{T}}F_i}{S_i-S_j}\boldsymbol{u}_j+\sum_{j=L+1}^{n}\frac{\boldsymbol{v}_j^{\mathrm{T}}F_i}{S_i-S_j}\boldsymbol{u}_j\tag{4.26}$$

其中，

$$F_i=\left(\frac{\partial \boldsymbol{A}}{\partial\alpha}-\frac{\partial S_i}{\partial\alpha}\boldsymbol{B}-S_i\frac{\partial \boldsymbol{B}}{\partial\alpha}\right)\boldsymbol{u}_k\tag{4.27}$$

从式(4.24)至式(4.27)做了 $i\leqslant L$ 和特征值按模由小到大排列的假设，那么当它们的模间隔很大时，即当 $j>L$ 时

$$|S_j|-|S_i|\approx|S_j|\tag{4.28}$$

式(4.26)可近似写为

$$z_i\approx\bar{z}_i=\sum_{\substack{j=1\\ j\neq i}}^{L}\frac{\boldsymbol{v}_j^{\mathrm{T}}F_i}{S_i-S_j}\boldsymbol{u}_j+\sum_{j=L+1}^{n}\frac{\boldsymbol{v}_j^{\mathrm{T}}F_i}{S_i-S_j}\boldsymbol{u}_j\tag{4.29}$$

上式又可改写为

$$\bar{z}_i=\sum_{\substack{j=1\\ j\neq i}}^{L}\frac{\boldsymbol{v}_j^{\mathrm{T}}F_i}{S_i-S_j}\boldsymbol{u}_j+\sum_{j=1}^{n}\frac{\boldsymbol{v}_j^{\mathrm{T}}V_i}{-S_j}\boldsymbol{u}_j-\sum_{j=1}^{n}\frac{\boldsymbol{v}_j^{\mathrm{T}}F_i}{-S_j}\boldsymbol{u}_j\tag{4.30}$$

根据特征向量正交归一化条件的矩阵，有

$$\boldsymbol{V}^{\mathrm{T}}\boldsymbol{A}\boldsymbol{U}=\boldsymbol{S}\tag{4.31}$$

因而

$$\boldsymbol{A}^{-1}=\boldsymbol{U}\boldsymbol{S}^{-1}\boldsymbol{V}=\sum_{j=1}^{n}\frac{\boldsymbol{u}_j\boldsymbol{v}_j^{\mathrm{T}}}{S_j}\tag{4.32}$$

根据(4.32)的谱分解，式(4.29)可转化为

$$\bar{z}_i = \sum_{\substack{j=1\\j\neq i}}^{L} \frac{\boldsymbol{v}_j^{\mathrm{T}} F_i}{S_i - S_j} \boldsymbol{u}_j - \boldsymbol{A}^{-1} F_i + \sum_{j=1}^{L} \frac{\boldsymbol{v}_j^{\mathrm{T}} F_i}{S_j} \boldsymbol{u}_j \tag{4.33}$$

其中,式(4.33)的$A^{-1}F_i$项为截断的高阶模态对低阶模态导数的贡献。这样,计算特征向量导数的改进模态展开法可表示为

$$\frac{\partial \boldsymbol{u}_i}{\partial \alpha} = \bar{m}_{ii} \boldsymbol{u}_i + \bar{z}_i \tag{4.34}$$

其中,$\bar{m}_{ii}$可由$\frac{\partial}{\partial \alpha}(\boldsymbol{u}_i^{\mathrm{T}} \boldsymbol{B} \boldsymbol{u}_i)=0$导出,结果为

$$\bar{m}_{ii} = -\frac{1}{2}\left(\boldsymbol{u}_i^{\mathrm{T}} \frac{\partial \boldsymbol{B}}{\partial \alpha} \boldsymbol{u}_i + \boldsymbol{u}_i^{\mathrm{T}} \boldsymbol{B} \bar{z}_i + \bar{z}_i^{\mathrm{T}} \boldsymbol{B} \boldsymbol{u}_i\right) \tag{4.35}$$

即

$$\begin{aligned} \frac{\partial \boldsymbol{u}_i}{\partial \alpha} = & -\frac{1}{2}\left(\boldsymbol{u}_i^{\mathrm{T}} \frac{\partial \boldsymbol{B}}{\partial \alpha} \boldsymbol{u}_i + \boldsymbol{u}_i^{\mathrm{T}} \boldsymbol{B} \bar{z}_i + \bar{z}_i^{\mathrm{T}} \boldsymbol{B} \boldsymbol{u}_i\right)\boldsymbol{u}_i + \\ & \sum_{\substack{j=1\\j\neq i}}^{L} \frac{\boldsymbol{v}_j^{\mathrm{T}} F_i}{S_i - S_j} \boldsymbol{u}_j - \boldsymbol{A}^{-1} F_i + \sum_{j=1}^{L} \frac{\boldsymbol{v}_j^{\mathrm{T}} F_i}{S_j} \boldsymbol{u}_j \end{aligned} \tag{4.36}$$

式(4.36)是改进的右特征向量一阶灵敏度表达式。同理也可以求出$\frac{\partial \boldsymbol{v}_i}{\partial \alpha}$的一阶灵敏度表达式。

4.3.2 Sondipon Adhikari 降维模态展开法

文献[200]讨论了一种在n维空间中计算阻尼系统特征向量一阶灵敏度的方法,它也是$2n$维全模态展开法的改进。

事实上,改写式(4.3)有

$$S_i^2 \boldsymbol{M}\boldsymbol{x}_i + S_i \boldsymbol{C}\boldsymbol{x}_i + \boldsymbol{K}\boldsymbol{x}_i = 0 \tag{4.37}$$

取

$$\boldsymbol{D} = \begin{bmatrix} 0 & \boldsymbol{I} \\ -\boldsymbol{M}^{-1}\boldsymbol{K} & -\boldsymbol{M}^{-1}\boldsymbol{C} \end{bmatrix} \tag{4.38}$$

和

$$\xi(t) = \begin{Bmatrix} q(t) \\ \dot{q}(t) \end{Bmatrix} \tag{4.39}$$

则方程(4.37)转化为

$$\boldsymbol{D}\xi(t) = \begin{bmatrix} \dot{q}(t) \\ -\boldsymbol{M}^{-1}\boldsymbol{K}q(t) - \boldsymbol{M}^{-1}C\dot{q}(t) \end{bmatrix} = \begin{Bmatrix} \dot{q}(t) \\ \ddot{q}(t) \end{Bmatrix} = \xi(t) \tag{4.40}$$

将同步解$q(t)=q\mathrm{e}^{St}$代入上式有

$$\boldsymbol{D} = \begin{Bmatrix} q\mathrm{e}^{St} \\ Sq\mathrm{e}^{St} \end{Bmatrix} = \begin{Bmatrix} Sq\mathrm{e}^{St} \\ S^2 q\mathrm{e}^{St} \end{Bmatrix} = S\begin{Bmatrix} q\mathrm{e}^{St} \\ Sq\mathrm{e}^{St} \end{Bmatrix} \tag{4.41}$$

那么,对第 i 阶特征值和右特征向量有

$$\boldsymbol{D}\begin{Bmatrix} \boldsymbol{x}_i \\ S_i \boldsymbol{x}_i \end{Bmatrix} = S_i \begin{Bmatrix} \boldsymbol{x}_i \\ S_i \boldsymbol{x}_i \end{Bmatrix} \tag{4.42}$$

即

$$\boldsymbol{D}\boldsymbol{u}_i = S_i \boldsymbol{u}_i \tag{4.43}$$

上式中

$$\boldsymbol{u}_i = \begin{Bmatrix} \boldsymbol{x}_i \\ S_i \boldsymbol{x}_i \end{Bmatrix} \tag{4.44}$$

就是系统关于矩阵

$$\boldsymbol{D} = \begin{bmatrix} 0 & \boldsymbol{I} \\ -\boldsymbol{M}^{-1}\boldsymbol{K} & -\boldsymbol{M}^{-1}\boldsymbol{C} \end{bmatrix} \tag{4.45}$$

的右特征向量。同理,可以得到系统的左特征向量。

令系统的左特征向量为v_k,如果

$$\boldsymbol{v}_k^{\mathrm{T}}\boldsymbol{A} = S_j \boldsymbol{v}_k^{\mathrm{T}} \tag{4.46}$$

那么对不同的特征值 $k \neq j$,右、左特征向量如下满足正交关系

$$\boldsymbol{v}_k^{\mathrm{T}} \boldsymbol{u}_i = 0 \tag{4.47}$$

当 $k=j$ 时有

$$\boldsymbol{v}_i^{\mathrm{T}} \boldsymbol{u}_i = 1 \tag{4.48}$$

假设一个结构有 L 个参数 $\alpha = \{\alpha_1, \alpha_2, \cdots, \alpha_L\}^{\mathrm{T}}$

$$\Delta\alpha = \{\Delta\alpha_1, \Delta\alpha_2, \cdots, \Delta\alpha_L\}^{\mathrm{T}} \in R^L \tag{4.49}$$

那么 $\boldsymbol{M}$、$\boldsymbol{C}$ 和 $\boldsymbol{K}$ 是关于 α 的函数,这里假设 $\boldsymbol{M}$、$\boldsymbol{C}$ 和 $\boldsymbol{K}$ 均为对称阵。

设第 i 阶右特征向量对参数 α_1 的导数为

$$\frac{\partial \boldsymbol{u}_i}{\partial \alpha_l} = \boldsymbol{u}_{i,l} \in C^{2N} \tag{4.50}$$

这里为了书写方便,用$(\cdot)_{,l}$表示对 α_l 的导数

首先,将$\boldsymbol{u}_{i,l}$用模态法完全展开,得到如下形式

$$\boldsymbol{u}_{i,l} = \sum_{j=1}^{2N} a_{ij} \boldsymbol{u}_j \tag{4.51}$$

其中,$\boldsymbol{u}_j$ 是结构的初始特征向量。

式(4.51)还可以表示为

$$\boldsymbol{u}_{i,l} = a_{ili} \boldsymbol{u}_i + \sum_{j=1, j\neq i}^{2N} a_{ilj} \boldsymbol{u}_j \tag{4.52}$$

其次，确定式(4.52)中第一种类型当 $j \neq i$ 的展开系数 a_{ilj}。

由于$\boldsymbol{u}_i$ 就是系统关于矩阵 $\boldsymbol{D}$ 的右特征向量，所以有

$$\boldsymbol{A}\boldsymbol{u}_i = S_i \boldsymbol{u}_i \tag{4.53}$$

对上式求导得

$$\boldsymbol{A}_{,l} \boldsymbol{u}_i + \boldsymbol{A}\boldsymbol{u}_{i,l} = S_{i,l} \boldsymbol{u}_i + S_i \boldsymbol{u}_{i,l} \tag{4.54}$$

整理后得

$$(\boldsymbol{A} - S_i\boldsymbol{I}) \boldsymbol{u}_{i,l} = S_{i,l} \boldsymbol{u}_i - \boldsymbol{A}_{,l} \boldsymbol{u}_i \tag{4.55}$$

取左特征向量$\boldsymbol{v}_j^{\mathrm{T}}$ 左乘上式，同时将式(4.51)代入可得

$$\sum_{j=1}^{2N} (\boldsymbol{v}_k^{\mathrm{T}} \boldsymbol{A}\boldsymbol{u}_j - S_i \boldsymbol{v}_k^{\mathrm{T}} \boldsymbol{u}_j) a_{ilj} = S_{i,l} \boldsymbol{v}_k^{\mathrm{T}} \boldsymbol{u}_i - \boldsymbol{v}_k^{\mathrm{T}} \boldsymbol{A}_{,l} \boldsymbol{u}_i \tag{4.56}$$

根据特征向量的正交性可知

$$(\boldsymbol{v}_k^{\mathrm{T}} \boldsymbol{A}\boldsymbol{u}_k - S_i \boldsymbol{v}_k^{\mathrm{T}} \boldsymbol{u}_k) a_{ilk} = -\boldsymbol{v}_k^{\mathrm{T}} \boldsymbol{A}_{,l} \boldsymbol{u}_k \tag{4.57}$$

$$(S_k \boldsymbol{v}_k^{\mathrm{T}} \boldsymbol{u}_k - S_i \boldsymbol{v}_k^{\mathrm{T}} \boldsymbol{u}_k) a_{ilk} = -\boldsymbol{v}_k^{\mathrm{T}} \boldsymbol{A}_{,l} \boldsymbol{u}_k \tag{4.58}$$

$$(S_k - S_i) a_{ilk} = -\boldsymbol{v}_k^{\mathrm{T}} \boldsymbol{A}_{,l} \boldsymbol{u}_k \tag{4.59}$$

从而有

$$a_{ilk} = \frac{\boldsymbol{v}_k^{\mathrm{T}} A_{,l} \boldsymbol{u}_k}{S_i - S_k} \quad (k = 1,2,\cdots,2N; k \neq i) \tag{4.60}$$

进一步，设左特征向量

$$\boldsymbol{v}_i = \begin{Bmatrix} \boldsymbol{v}_{1i} \\ \boldsymbol{v}_{2i} \end{Bmatrix} \in C^{2N} \tag{4.61}$$

其中，$\boldsymbol{v}_{1i}, \boldsymbol{v}_{2i} \in C^{2N}$，将上式代入式(4.46)得

$$\{\boldsymbol{v}_{1i}^{\mathrm{T}}\ \boldsymbol{v}_{2i}^{\mathrm{T}}\} \begin{bmatrix} 0 & \boldsymbol{I} \\ -\boldsymbol{M}^{-1}\boldsymbol{K} & -\boldsymbol{M}^{-1}\boldsymbol{C} \end{bmatrix} = \{S_i \boldsymbol{v}_{1i}^{\mathrm{T}} \quad S_i \boldsymbol{v}_{2i}^{\mathrm{T}}\} \tag{4.62}$$

转置后

$$\begin{bmatrix} 0 & -\boldsymbol{M}^{-1}\boldsymbol{K} \\ I & -\boldsymbol{M}^{-1}\boldsymbol{C} \end{bmatrix} \begin{Bmatrix} \boldsymbol{v}_{1i} \\ \boldsymbol{v}_{2i} \end{Bmatrix} = \begin{Bmatrix} S_i \boldsymbol{v}_{1i} \\ S_i \boldsymbol{v}_{2i} \end{Bmatrix} \tag{4.63}$$

利用上式左右相等的关系可得如下两个等式

$$-\boldsymbol{M}^{-1} \boldsymbol{K}\boldsymbol{v}_{2i} = S_i \boldsymbol{v}_{1i} \tag{4.64}$$

$$\boldsymbol{v}_{1i} - \boldsymbol{M}^{-1} \boldsymbol{C}\boldsymbol{v}_{2i} = S_i \boldsymbol{v}_{2i} \tag{4.65}$$

对式(4.65)移项后整理得到

$$\boldsymbol{v}_{1i} = (S_i\boldsymbol{I} + \boldsymbol{M}^{-1} \boldsymbol{C}) \boldsymbol{v}_{2i} \tag{4.66}$$

将式(4.66)代入式(4.64)可得

$$S_i \boldsymbol{v}_{1i} = S_i(S_i\boldsymbol{I} + \boldsymbol{M}^{-1}\boldsymbol{C}) \boldsymbol{v}_{2i} = -\boldsymbol{M}^{-1} \boldsymbol{K}\boldsymbol{v}_2 \tag{4.67}$$

进一步得

$$S_i(S_i\boldsymbol{I}+\boldsymbol{M}^{-1}\boldsymbol{C})\boldsymbol{v}_{2i}+\boldsymbol{M}^{-1}\boldsymbol{K}\boldsymbol{v}_{2i}=0 \tag{4.68}$$

即

$$(S_i^2\boldsymbol{M}+S_i\boldsymbol{C}+\boldsymbol{K})\boldsymbol{M}^{-1}\boldsymbol{v}_{2i}=0 \tag{4.69}$$

将式(4.37)进一步整理可得

$$(S_i^2\boldsymbol{M}+S_i\boldsymbol{C}+\boldsymbol{K})\boldsymbol{x}_i=0 \tag{4.70}$$

比较式(4.69)和(4.70)，可知$\boldsymbol{M}^{-1}\boldsymbol{v}_{2i}$与$\boldsymbol{x}_i$是两个平行的向量，它们对应成比例。

设 $r_i\in C$ 且 $\gamma_i\neq 0$ 为两向量的比例系数，那么

$$\boldsymbol{M}^{-1}\boldsymbol{v}_{2i}=\gamma_i\boldsymbol{x}_i \tag{4.71}$$

即

$$\boldsymbol{v}_{2i}=\gamma_i\boldsymbol{M}\boldsymbol{x}_i \tag{4.72}$$

将式(4.71)代入式(4.66)可知

$$\boldsymbol{v}_{1i}=(S_i\boldsymbol{I}+\boldsymbol{M}^{-1}\boldsymbol{C})\gamma_i M\boldsymbol{x}_i=(S_i\boldsymbol{M}+\boldsymbol{C})\gamma_i\boldsymbol{x}_i \tag{4.73}$$

整理有

$$\begin{cases}\boldsymbol{v}_{1i}=(S_i\boldsymbol{M}+\boldsymbol{C})\gamma_i\boldsymbol{x}_i\\ \boldsymbol{v}_{2i}=\gamma_i\boldsymbol{M}\boldsymbol{x}_i\end{cases} \tag{4.74}$$

即

$$\boldsymbol{v}_i=\begin{Bmatrix}\boldsymbol{v}_{1i}\\ \boldsymbol{v}_{2i}\end{Bmatrix}=\gamma_i\begin{bmatrix}S_i\boldsymbol{M}+\boldsymbol{C}\\ \boldsymbol{M}\end{bmatrix}\boldsymbol{x}_i \tag{4.75}$$

接下来确定比例系数 γ_i。

将式(4.48)转置后，可得

$$\boldsymbol{u}_i^{\mathrm{T}}\boldsymbol{v}_i=1 \tag{4.76}$$

将式(4.44)和(4.61)代入上式得

$$\{\boldsymbol{x}_i^{\mathrm{T}},S_i\boldsymbol{x}_i^{\mathrm{T}}\}\begin{Bmatrix}\boldsymbol{v}_{1i}\\ \boldsymbol{v}_{2i}\end{Bmatrix}=1 \tag{4.77}$$

整理有

$$\boldsymbol{x}_i^{\mathrm{T}}\boldsymbol{v}_{1i}+S_i\boldsymbol{x}_i^{\mathrm{T}}\boldsymbol{v}_{2i}=1 \tag{4.78}$$

把式(4.74)代入上式得

$$\boldsymbol{x}_i^{\mathrm{T}}(2S_i\boldsymbol{M}+\boldsymbol{C})\gamma_i\boldsymbol{x}_i=1 \tag{4.79}$$

从上式可求出

$$\gamma_i=\frac{1}{\boldsymbol{x}_i^{\mathrm{T}}(2S_i\boldsymbol{M}+\boldsymbol{C})\boldsymbol{x}_i} \tag{4.80}$$

从而可以确定$\boldsymbol{v}_i$。

为方便讨论，记

$$\boldsymbol{Q}_i=\begin{bmatrix} S_i\boldsymbol{M}+\boldsymbol{C} & 0 \\ 0 & \dfrac{\boldsymbol{M}}{S_i} \end{bmatrix} \tag{4.81}$$

显然有

$$\boldsymbol{Q}_i^{\mathrm{T}}=\boldsymbol{Q}_i \tag{4.82}$$

所以有

$$\boldsymbol{v}_i=\begin{Bmatrix} \boldsymbol{v}_{1i} \\ \boldsymbol{v}_{2i} \end{Bmatrix}=\gamma_i\boldsymbol{Q}_i\boldsymbol{u}_i \tag{4.83}$$

进而$\boldsymbol{v}_i$可由$\boldsymbol{u}_i$来限定，即

$$\boldsymbol{v}_k^{\mathrm{T}}=\gamma_k\boldsymbol{u}_k^{\mathrm{T}}\boldsymbol{Q}_k^{\mathrm{T}} \tag{4.84}$$

将式(4.84)代入$\boldsymbol{u}_k^{\mathrm{T}}$和$\boldsymbol{Q}_k^{\mathrm{T}}$的表达式，可得

$$\boldsymbol{v}_k^{\mathrm{T}}=\gamma_k\boldsymbol{x}_k^{\mathrm{T}}[S_k\boldsymbol{M}+\boldsymbol{C},\boldsymbol{M}] \tag{4.85}$$

对状态矩阵 $\boldsymbol{D}$ 求导得

$$\begin{aligned}\boldsymbol{D}_{,l}&=\begin{bmatrix} 0 & 0 \\ [-\boldsymbol{M}^{-1}\boldsymbol{K}]_{,l} & [-\boldsymbol{M}^{-1}\boldsymbol{C}]_{,l} \end{bmatrix}\\ &=\begin{bmatrix} 0 & 0 \\ \boldsymbol{M}^{-2}\boldsymbol{M}_{,l}\boldsymbol{K}-\boldsymbol{M}^{-1}\boldsymbol{K}_{,l} & \boldsymbol{M}^{-2}\boldsymbol{M}_{,l}\boldsymbol{C}-\boldsymbol{M}^{-1}\boldsymbol{C}_{,l} \end{bmatrix}\end{aligned} \tag{4.86}$$

将式(4.85)、(4.86)代入式(4.60)，当$k=1,2,\cdots,2N$且$k\neq i$时，整理得

$$a_{ilk}=\frac{\boldsymbol{v}_k^{\mathrm{T}}\boldsymbol{A}_{,l}\boldsymbol{u}_k}{S_i-S_k}=\frac{-\gamma_i\boldsymbol{x}_k[S_i^2\boldsymbol{M}_{,l}+\boldsymbol{K}_{,l}+S_i\boldsymbol{C}_{,l}]\boldsymbol{x}_i}{S_i-S_k} \tag{4.87}$$

当$k=i$时，对式(4.48)求导得

$$\boldsymbol{v}_{i,l}^{\mathrm{T}}\boldsymbol{u}_i+\boldsymbol{v}_i^{\mathrm{T}}\boldsymbol{u}_{i,l}=0 \tag{4.88}$$

再由式(4.83)转置得到

$$\boldsymbol{v}_i^{\mathrm{T}}=\gamma_i\boldsymbol{u}_i^{\mathrm{T}}\boldsymbol{Q}_i^{\mathrm{T}} \tag{4.89}$$

注意到矩阵$\boldsymbol{Q}_i$的对称性，可得

$$\boldsymbol{v}_i^{\mathrm{T}}=\gamma_i\boldsymbol{u}_i^{\mathrm{T}}\boldsymbol{Q}_i \tag{4.90}$$

对上式求导得

$$\boldsymbol{v}_{i,l}^{\mathrm{T}}=\gamma_i[\boldsymbol{u}_{i,l}^{\mathrm{T}}\boldsymbol{Q}_i+\boldsymbol{u}_i^{\mathrm{T}}\boldsymbol{Q}_{i,l}] \tag{4.91}$$

将式(4.90)和式(4.91)代入式(4.88)可得

$$\gamma_i[\boldsymbol{u}_{i,l}^{\mathrm{T}}\boldsymbol{Q}_i\boldsymbol{u}_i+\boldsymbol{u}_i^{\mathrm{T}}\boldsymbol{Q}_{i,l}\boldsymbol{u}_i+\boldsymbol{u}_i^{\mathrm{T}}\boldsymbol{Q}_i\boldsymbol{u}_{i,l}]=0 \tag{4.92}$$

注意到

$$\boldsymbol{u}_{i,l}^{\mathrm{T}}\boldsymbol{Q}_i\boldsymbol{u}_i=(\boldsymbol{u}_i^{\mathrm{T}}\boldsymbol{Q}_i\boldsymbol{u}_{i,l})^{\mathrm{T}} \tag{4.93}$$

故

$$2\gamma_i\boldsymbol{u}_i^{\mathrm{T}}\boldsymbol{Q}_i\boldsymbol{u}_{i,l}=-\gamma_i\boldsymbol{u}_i^{\mathrm{T}}\boldsymbol{Q}_{i,l}\boldsymbol{u}_i \tag{4.94}$$

将式(4.90)和式(4.51)代入上式得

$$2\,\boldsymbol{v}_i^{\mathrm{T}}\sum_{j=1}^{2N} a_{ilj}\,\boldsymbol{u}_j = -\gamma_i\,\boldsymbol{u}_i^{\mathrm{T}}\,\boldsymbol{Q}_{i,l}\,\boldsymbol{u}_i \tag{4.95}$$

考虑特征向量的正交性和归一化条件有

$$2a_{ili} = -\gamma_i\,\boldsymbol{u}_i^{\mathrm{T}}\,\boldsymbol{Q}_{i,l}\,\boldsymbol{u}_i \tag{4.96}$$

将式(4.81)对参数 α 求导

$$\boldsymbol{Q}_{i,l} = \begin{bmatrix} S_{i,1}\,\boldsymbol{M} + S_i\,\boldsymbol{M}_{,l} + \boldsymbol{C}_{,l} & 0 \\ 0 & -\dfrac{\boldsymbol{M}}{S_i^2}S_{i,l} + \dfrac{\boldsymbol{M}_{,l}}{S_i} \end{bmatrix} \tag{4.97}$$

将式(4.39)和式(4.97)代入式(4.96),可得

$$2a_{ili} = -\gamma_i\,\boldsymbol{x}_i^{\mathrm{T}}(2S_i\,\boldsymbol{M}_{,l} + \boldsymbol{C}_{,l})\,\boldsymbol{x}_i \tag{4.98}$$

再将式(4.80)代入上式,可以得到系数 a_{ili}

$$a_{ili} = -\frac{1}{2}\,\frac{\boldsymbol{x}_i^{\mathrm{T}}(2S_i\,\boldsymbol{M}_{,l} + \boldsymbol{C}_{,l})\,\boldsymbol{x}_i}{x_i^{\mathrm{T}}(2S_i\,\boldsymbol{M} + \boldsymbol{C})\,\boldsymbol{x}_i} \tag{4.99}$$

此时,$\boldsymbol{u}_{i,l} = a_{ili}\,\boldsymbol{u}_i + \sum\limits_{j=1,j\neq i}^{2N} a_{ij}\,\boldsymbol{u}_j$ 可以由上式加以确定。

将式(4.44)代入上式可得

$$\boldsymbol{x}_{i,l} = a_{ili}\,\boldsymbol{x}_i + \sum_{j=1,j\neq i}^{2N} a_{ilj}\,\boldsymbol{x}_j \tag{4.100}$$

将式(4.97)、(4.100)和式(4.80)代入上式得

$$\boldsymbol{x}_{i,l} = -\frac{1}{2}\,\frac{\boldsymbol{x}_i^{\mathrm{T}}(2S_i\,\boldsymbol{M}_{,l} + \boldsymbol{C}_{,l})\,\boldsymbol{x}_i}{\boldsymbol{x}_i^{\mathrm{T}}(2S_iM + \boldsymbol{C})\,\boldsymbol{x}_i}\,\boldsymbol{x}_i + \sum_{j=1,j\neq i}^{2N}\frac{\boldsymbol{x}_k[S_i^2\,\boldsymbol{M}_{,l} + \boldsymbol{K}_{,l} + S_i\,\boldsymbol{C}_{,l}]\,\boldsymbol{x}_i}{(S_k - S_i)\,\boldsymbol{x}_i^{\mathrm{T}}(2S_i\,\boldsymbol{M} + \boldsymbol{C})\,\boldsymbol{x}_i}\,\boldsymbol{x}_j \tag{4.101}$$

这样就确定了第 i 阶右特征向量对参数 α_1 的一阶灵敏度,同理也可以求得左特征向量的一阶灵敏度。该方法的先进性是将特征向量的计算限制在 n 维空间,避免了求解状态空间的麻烦,但是该方法要求特征值必须是孤立的且系统矩阵是对称的情况,这就限制了算法的适用范围。

4.3.3 R.Z.Zimoch 算法

在文献[201]中,Z.Zimoch 从新的角度出发,给出一阶特征灵敏度的矩阵表示法。

式(4.3)可以改写为

$$(\boldsymbol{S} - \boldsymbol{D})\,\boldsymbol{U} = 0 \tag{4.102}$$

其中,

$$\boldsymbol{D} = -\boldsymbol{A}^{-1}\,\boldsymbol{B} \tag{4.103}$$

这里，$\boldsymbol{S}$是特征值矩阵，$\boldsymbol{U}$是特征向量矩阵。根据特征向量的正交性，有

$$\boldsymbol{U}^{-1}\boldsymbol{D}\boldsymbol{U}=\boldsymbol{S} \tag{4.104}$$

由于特征值和特征向量矩阵 $\boldsymbol{S}$ 和 $\boldsymbol{U}$ 是关于系统矩阵 $\boldsymbol{M}$、$\boldsymbol{C}$ 和 $\boldsymbol{K}$ 的函数，即

$$\boldsymbol{S}=\boldsymbol{S}(\boldsymbol{M},\boldsymbol{C},\boldsymbol{K})\quad \boldsymbol{U}=\boldsymbol{U}(\boldsymbol{M},\boldsymbol{C},\boldsymbol{K}) \tag{4.105}$$

这里假设系统矩阵都是对称的，那么右、左特征向量相等。

对特征值矩阵$\boldsymbol{S}$进行一阶 Taylor 展开

$$\begin{aligned}\boldsymbol{S}&=\boldsymbol{S}(\boldsymbol{M},\boldsymbol{C},\boldsymbol{K})\\&=\boldsymbol{S}(\boldsymbol{M}_0,\boldsymbol{C}_0,\boldsymbol{K}_0)+d_{\boldsymbol{M}}\boldsymbol{S}\cdot((\boldsymbol{M}-\boldsymbol{M}_0)\otimes I)+\\&\quad d_k\boldsymbol{S}\cdot((\boldsymbol{K}-\boldsymbol{K}_0)\otimes I)+d_cS\cdot((\boldsymbol{C}-\boldsymbol{C}_0)\otimes I)\end{aligned} \tag{4.106}$$

同理，对特征向量矩阵$\boldsymbol{U}$进行一阶 Taylor 展开

$$\begin{aligned}\boldsymbol{U}&=\boldsymbol{U}(\boldsymbol{M},\boldsymbol{C},\boldsymbol{K})\\&=U(\boldsymbol{M}_0,\boldsymbol{C}_0,\boldsymbol{K}_0)+d_{\boldsymbol{M}}\boldsymbol{U}\cdot((\boldsymbol{M}-\boldsymbol{M}_0)\otimes I)\\&\quad+d_k\boldsymbol{U}\cdot((\boldsymbol{K}-\boldsymbol{K}_0)\otimes I)+d_c\boldsymbol{U}\cdot((\boldsymbol{C}-\boldsymbol{C}_0)\otimes I)\end{aligned} \tag{4.107}$$

式中，$(\cdot)_0$ 表示初始值，$(\cdot)\otimes I$ 表示矩阵和单位矩阵的 Kronecker 积。$d_{\boldsymbol{M}}\boldsymbol{S}$，$d_{\boldsymbol{K}}\boldsymbol{S}$ 和 $d_{\boldsymbol{C}}\boldsymbol{S}$ 分别表示特征值矩阵对质量阵、刚度阵和阻尼阵的导数，$d_{\boldsymbol{M}}\boldsymbol{U}$，$d_{\boldsymbol{K}}\boldsymbol{U}$ 和 d_CU 是特征向量对相关矩阵的导数。

下面，以 $d_{\boldsymbol{M}}\boldsymbol{S}$ 和 $d_{\boldsymbol{M}}\boldsymbol{U}$ 为例说明特征值和特征向量对质量阵导数的求法。

首先，$d_{\boldsymbol{M}}\boldsymbol{S}$ 和 $d_{\boldsymbol{M}}\boldsymbol{U}$ 可以表示为 $\boldsymbol{S}$ 和 $\boldsymbol{U}$ 对质量单元 m_{ij} 导数的组合，如

$$d_{\boldsymbol{M}}\boldsymbol{S}=[d_{m_{11}}\boldsymbol{S},d_{m_{21}}\boldsymbol{S},\cdots,d_{m_{mn}}\boldsymbol{S}]\quad d_{\boldsymbol{M}}\boldsymbol{U}=[d_{m_{11}}\boldsymbol{U},d_{m_{21}}\boldsymbol{U},\cdots,d_{m_m}\boldsymbol{U}] \tag{4.108}$$

将方程(4.104)两边分别对 m_{ij} 求导

$$-\boldsymbol{U}^{-1}d_{m_{ij}}\boldsymbol{U}\boldsymbol{S}+\boldsymbol{U}^{-1}d_{m_{ij}}\boldsymbol{D}\boldsymbol{U}+\boldsymbol{U}^{-1}\boldsymbol{D}d_{m_{ij}}\boldsymbol{U}=d_{m_{ij}}\boldsymbol{S} \tag{4.109}$$

其中，

$$d_{m_{ij}}\boldsymbol{D}=\boldsymbol{A}^{-1}d_{m_{ij}}\boldsymbol{A}\boldsymbol{A}^{-1}\boldsymbol{B}-\boldsymbol{A}^{-1}d_{m_{ij}}\boldsymbol{B} \tag{4.110}$$

从式(4.109)一个方程中不能求出 $d_{m_{ij}}U$ 和 $d_{m_{ij}}S$ 两个未知量，还需要补充方程。在系统具有孤立特征值的情况下，特征向量有如下的展开形式

$$d_{m_{ij}}\boldsymbol{U}=\boldsymbol{U}\boldsymbol{H}_{m_{ij}} \tag{4.111}$$

这里，$\boldsymbol{H}_{m_{ij}}$ 是一个未知矩阵

$$\boldsymbol{H}_{m_{ij}}=[h_{kl}^{m_{ij}}]\quad k,l=1,2,\cdots,2n \tag{4.112}$$

把式(4.111)和(4.104)代入式(4.109)可得

$$d_{\boldsymbol{M}}\boldsymbol{S}+\boldsymbol{H}_{m_{ij}}\boldsymbol{S}-\boldsymbol{S}\boldsymbol{H}_{m_{ij}}=\boldsymbol{B}_{mij} \tag{4.113}$$

这里，

$$\boldsymbol{B}_{m_{ij}}=\boldsymbol{U}^{-1}d_{m_{ij}}\boldsymbol{D}\boldsymbol{U} \tag{4.114}$$

方程(4.113)可以改写为

$$\begin{bmatrix} S_1^{m_{ij}} & & & 0 \\ & S_1^{m_{ij}} & & \\ & & \ddots & \\ 0 & & & S_{2n}^{m_{ij}} \end{bmatrix} + \begin{bmatrix} 0 & (S_2-S_1)h_1^{m_{ij}} & (S_{2n}-S_1)h_{12n}^{m_{ij}} \\ (S_1-S_2)h_{21}^{m_{ij}} & 0 & (S_{2n}-S_2)h_{22n}^{m_{ij}} \\ (S_1-S_{2n})h_{2n1}^{m_{ij}} & (S_2-S_{2n})h_{2n2}^{m_{ij}} & 0 \end{bmatrix}$$

$$= \begin{bmatrix} b_{11}^{m_{ij}} & b_{12}^{m_{ij}} & \cdots & b_{12n}^{m_{ij}} \\ b_{21}^{m_{ij}} & b_{22}^{m_{ij}} & \cdots & b_{22n}^{m_{ij}} \\ \vdots & \vdots & & \vdots \\ b_{2n1}^{m_{ij}} & b_{2n2}^{m_{ij}} & \cdots & b_{2n2n}^{m_{ij}} \end{bmatrix} \tag{4.115}$$

未知量 $h_{ij}^{m_{ij}}$ 和 $S_i^{m_{ij}}$ ($d_{m_{ij}}\boldsymbol{S}) = \mathrm{diag}(S_1^{m_{ij}}, \cdots, S_{2n}^{m_{ij}})$)可以由方程的相关元素确定。方程(4.115)的右边已知,左边有如下关系:

$$S_k^{m_{ij}} = b_{kk}^{m_{ij}} \quad k = 1,2,\cdots,2n \tag{4.116}$$

$$h_{kl}^{m_{ij}} = b_{kl}^{m_{ij}} / (S_l - S_k) \quad k = 1,2,\cdots,2n \quad k \neq l \tag{4.117}$$

灵敏度矩阵 $d_{m_{kk}}\boldsymbol{U}$ 可以由方程(4.115)中 $\boldsymbol{H}_{kk}^{m_{ij}}$ 主对角元均为 0 条件求得。这样就可以解出特征值和特征向量关于质量矩阵的一阶灵敏度矩阵,同理还可以求出特征值和特征向量关于刚度矩阵、阻尼矩阵的灵敏度矩阵,将这三个系统矩阵引起的特征值和特征向量灵敏度阵相加,就可以得到系统的一阶灵敏度矩阵。

4.4　复模态二阶灵敏度

4.4.1　Najeh Guedria 代数法

Najeh Guedria 在简单求导法的基础上提出一种新的计算特征值和特征向量灵敏度的方法。其根本思想是将特征值和特征向量的导数作为一组未知向量,通过对相关方求解同时得出结构的特征值和特征向量的灵敏度[128]。

对于方程(4.3)和(4.4),其特征问题方程为

$$\det[\boldsymbol{S}^2\boldsymbol{M} + \boldsymbol{SC} + \boldsymbol{K}] = 0 \tag{4.118}$$

设该方程的特征值为 $S_1, \cdots, S_n, S_{n+1}^*, \cdots, S_{2n}^*$,这里$(\cdot)^*$表示共轭。

设

$$\boldsymbol{A} = \begin{bmatrix} \boldsymbol{K} & 0 \\ 0 & -\boldsymbol{M} \end{bmatrix} \quad \boldsymbol{B} = \begin{bmatrix} \boldsymbol{C} & \boldsymbol{M} \\ \boldsymbol{M} & 0 \end{bmatrix} \tag{4.119}$$

式(4.3)可改写为

$$(\boldsymbol{A}+S_i\boldsymbol{B})\boldsymbol{u}_i=0 \tag{4.120}$$

式(4.4)可改写为

$$\boldsymbol{v}_i^{\mathrm{T}}(\boldsymbol{A}+S_i\boldsymbol{B})=0^{\mathrm{T}} \tag{4.121}$$

其右、左特征向量分别为

$$\boldsymbol{u}_i=\begin{Bmatrix}\boldsymbol{x}_i\\ S_i\boldsymbol{x}_i\end{Bmatrix}\quad \boldsymbol{v}_i=\begin{Bmatrix}\boldsymbol{y}_i\\ S_i\boldsymbol{y}_i\end{Bmatrix} \tag{4.122}$$

此时系统的归一化条件为

$$\boldsymbol{v}_i^{\mathrm{T}}\boldsymbol{A}\boldsymbol{u}_j=0\quad \boldsymbol{v}_i^{\mathrm{T}}\boldsymbol{B}\boldsymbol{u}_j=0\quad i\neq j \tag{4.123}$$

$$\boldsymbol{v}_i^{\mathrm{T}}\boldsymbol{B}\boldsymbol{u}_i=1 \tag{4.124}$$

将式(4.122)代入(4.124),有

$$\boldsymbol{y}_i^{\mathrm{T}}(2S_i\boldsymbol{M}+\boldsymbol{C})\boldsymbol{x}_i=1 \tag{4.125}$$

式(4.3)两边对 α 求导

$$(S_i^2\boldsymbol{M}+S_i\boldsymbol{C}+\boldsymbol{K})\frac{\partial\boldsymbol{x}_i}{\partial\alpha}=-(2S_i\boldsymbol{M}+\boldsymbol{C})x_i\frac{\partial S_i}{\partial\alpha}-\left(S_i^2\frac{\partial\boldsymbol{M}}{\partial\alpha}+S_i\frac{\partial\boldsymbol{C}}{\partial\alpha}+\frac{\partial\boldsymbol{K}}{\partial\alpha}\right)\boldsymbol{x}_i \tag{4.126}$$

对上式两边左乘$\boldsymbol{y}_i^{\mathrm{T}}$,根据式(4.123)和(4.124)可以得到特征值的一阶导数

$$\frac{\partial S_i}{\partial\alpha}=-\boldsymbol{y}_i^{\mathrm{T}}\left(S_i^2\frac{\partial\boldsymbol{M}}{\partial\alpha}+S_i\frac{\partial\boldsymbol{C}}{\partial\alpha}+\frac{\partial\boldsymbol{K}}{\partial\alpha}\right)\boldsymbol{x}_i \tag{4.127}$$

同理可得

$$(S_i^2\boldsymbol{M}+S_i\boldsymbol{C}+\boldsymbol{K})^{\mathrm{T}}\frac{\partial\boldsymbol{y}_i}{\partial\alpha}=-(2S_i\boldsymbol{M}+\boldsymbol{C})^{\mathrm{T}}\boldsymbol{y}_i\frac{\partial S_i}{\partial\alpha}-\left(S_i^2\frac{\partial\boldsymbol{M}}{\partial\alpha}+S_i\frac{\partial\boldsymbol{C}}{\partial\alpha}+\frac{\partial\boldsymbol{K}}{\partial\alpha}\right)^{\mathrm{T}}\boldsymbol{y}_i \tag{4.128}$$

对方程(4.125)求导,可得

$$\begin{aligned}&\frac{\partial\boldsymbol{y}_i^{\mathrm{T}}}{\partial\alpha}[2S_i\boldsymbol{M}+\boldsymbol{C}]\boldsymbol{x}_i+\boldsymbol{y}_i^{\mathrm{T}}[2S_i\boldsymbol{M}+\boldsymbol{C}]\frac{\partial x_i}{\partial\alpha}\\&=-2(\boldsymbol{y}_i^{\mathrm{T}}\boldsymbol{M}\boldsymbol{x}_i)\frac{\partial S_i}{\partial\alpha}-\boldsymbol{y}_i^{\mathrm{T}}\left[2S_i\frac{\partial\boldsymbol{M}}{\partial\alpha}+\frac{\partial\boldsymbol{C}}{\partial\alpha}\right]\boldsymbol{x}_i\end{aligned} \tag{4.129}$$

考虑到方程(4.129)的$\frac{\partial\boldsymbol{y}_i^{\mathrm{T}}}{\partial\alpha}[2S_i\boldsymbol{M}+\boldsymbol{C}]\boldsymbol{x}_i$ 项是标量,故有

$$\frac{\partial\boldsymbol{y}_i^{\mathrm{T}}}{\partial\alpha}[2S_i\boldsymbol{M}+\boldsymbol{C}]\boldsymbol{x}_i=\boldsymbol{x}_i^{\mathrm{T}}[2S_i\boldsymbol{M}+\boldsymbol{C}]\frac{\partial\boldsymbol{y}_i}{\partial\alpha} \tag{4.130}$$

方程(4.129)改写成

$$\boldsymbol{y}_i^{\mathrm{T}}[2S_i\boldsymbol{M}+\boldsymbol{C}]\frac{\partial\boldsymbol{x}_i}{\partial\alpha}+\boldsymbol{x}_i^{\mathrm{T}}[2S_i\boldsymbol{M}+\boldsymbol{C}]\frac{\partial\boldsymbol{y}_i}{\partial\alpha}=-2(\boldsymbol{y}_i^{\mathrm{T}}\boldsymbol{M}\boldsymbol{u}_i)\frac{\partial S_i}{\partial\alpha}-\boldsymbol{y}_i^{\mathrm{T}}\left[2S_i\frac{\partial\boldsymbol{M}}{\partial\alpha}+\frac{\partial\boldsymbol{C}}{\partial\alpha}\right]\boldsymbol{x}_i \tag{4.131}$$

重写方程(4.17)、(4.14)和(4.131)有

$$[S_i^2\boldsymbol{M}+S_i\boldsymbol{C}+\boldsymbol{K}]\frac{\partial\,\boldsymbol{x}_i}{\partial\alpha}=-[2S_i\boldsymbol{M}+\boldsymbol{C}]\,\boldsymbol{x}_i\frac{\partial S_i}{\partial\alpha}-\left[S_i^2\frac{\partial\boldsymbol{M}}{\partial\alpha}+S_i\frac{\partial\boldsymbol{C}}{\partial\alpha}+\frac{\partial\boldsymbol{K}}{\partial\alpha}\right]\boldsymbol{x}_i \tag{4.132}$$

$$\begin{aligned}&[2S_i\boldsymbol{M}+\boldsymbol{C}]^{\mathrm{T}}\,y_i\frac{\partial S_i}{\partial\alpha}+[S_i^2\boldsymbol{M}+S_i\boldsymbol{C}+\boldsymbol{K}]^{\mathrm{T}}\frac{\partial\,\boldsymbol{y}_i}{\partial\alpha}\\&=-\left[S_i^2\frac{\partial\,\boldsymbol{M}}{\partial\alpha}+S_i\frac{\partial\,\boldsymbol{C}}{\partial\alpha}+\frac{\partial\,\boldsymbol{K}}{\partial\alpha}\right]^{\mathrm{T}}\boldsymbol{y}_i\end{aligned} \tag{4.133}$$

$$\begin{aligned}&\boldsymbol{y}_i^{\mathrm{T}}[2S_i\boldsymbol{M}+\boldsymbol{C}]\frac{\partial\,\boldsymbol{x}_i}{\partial\alpha}+2(\boldsymbol{y}_i^{\mathrm{T}}\boldsymbol{M}\boldsymbol{x}_i)\frac{\partial S_i}{\partial\alpha}+\boldsymbol{x}_i^{\mathrm{T}}[2S_i\boldsymbol{M}+\boldsymbol{C}]\frac{\partial\,\boldsymbol{y}_i}{\partial\alpha}\\&=-\boldsymbol{y}_i^{\mathrm{T}}\left[2S_i\frac{\partial\,\boldsymbol{M}}{\partial\alpha}+\frac{\partial\,\boldsymbol{C}}{\partial\alpha}\right]\boldsymbol{x}_i\end{aligned} \tag{4.134}$$

将式(4.132)、(4.133)和(4.134)改写成矩阵形式

$$\begin{aligned}&\begin{bmatrix}[S_i^2\boldsymbol{M}+S_i\boldsymbol{C}+\boldsymbol{K}] & [2S_i\boldsymbol{M}+\boldsymbol{C}]\,x_i & [0]_{n\times n}\\ \boldsymbol{y}_i^{\mathrm{T}}[2S_i\boldsymbol{M}+\boldsymbol{C}] & 2(\boldsymbol{y}_i^{\mathrm{T}}\boldsymbol{M}\boldsymbol{x}_i) & \boldsymbol{x}_i^{\mathrm{T}}[2S_i\boldsymbol{M}+\boldsymbol{C}]\\ [0]_{n\times n} & [2S_i\boldsymbol{M}+\boldsymbol{C}]^{\mathrm{T}}\,\boldsymbol{v}_i & [S_i^2\boldsymbol{M}+S_i\boldsymbol{C}+\boldsymbol{K}]^{\mathrm{T}}\end{bmatrix}\begin{Bmatrix}\dfrac{\partial\,\boldsymbol{x}_i}{\partial\alpha}\\ \dfrac{\partial S_i}{\partial\alpha}\\ \dfrac{\partial\,\boldsymbol{y}_i}{\partial\alpha}\end{Bmatrix}\\&=-\begin{Bmatrix}\left[S_i^2\dfrac{\partial\,\boldsymbol{M}}{\partial\alpha}+S_i\dfrac{\partial\,\boldsymbol{C}}{\partial\alpha}+\dfrac{\partial\,\boldsymbol{K}}{\partial\alpha}\right]\boldsymbol{x}_i\\ \boldsymbol{y}_i^{\mathrm{T}}\left[2S_i\dfrac{\partial\,\boldsymbol{M}}{\partial\alpha}+\dfrac{\partial\,\boldsymbol{C}}{\partial\alpha}\right]\boldsymbol{x}_i\\ \left[S_i^2\dfrac{\partial\,\boldsymbol{M}}{\partial\alpha}+S_i\dfrac{\partial\,\boldsymbol{C}}{\partial\alpha}+\dfrac{\partial\,\boldsymbol{K}}{\partial\alpha}\right]^{\mathrm{T}}\boldsymbol{y}_i\end{Bmatrix}\end{aligned} \tag{4.135}$$

方程(4.135)可改写为下面形式

$$\boldsymbol{F}_i\cdot\boldsymbol{z}_{i,\alpha}=\boldsymbol{b}_i^{(1)} \tag{4.136}$$

式中，$\boldsymbol{F}_i$ 为 $2n+1$ 维矩阵由系统矩阵 $\boldsymbol{M}$、$\boldsymbol{K}$ 和 $\boldsymbol{C}$ 及特征解 S_i、$\boldsymbol{x}_i$ 和$\boldsymbol{y}_i^{\mathrm{T}}$ 组成。$\boldsymbol{z}_{i,\alpha}$ 是由$\left(\dfrac{\partial\boldsymbol{x}_i}{\partial\alpha},\dfrac{\partial S_i}{\partial\alpha},\dfrac{\partial\boldsymbol{y}_i^{\mathrm{T}}}{\partial\alpha}\right)$组成的$(2n+1)\times1$ 维一阶导数向量，$\boldsymbol{b}_i^{(1)}$ 是依赖于系统矩阵导数和特征解的$(2n+1)\times1$ 维向量。

方程(4.136)中矩阵$\boldsymbol{F}_i$ 是奇异的，其秩为 $2n$。为了克服这个奇异性，我们使用约束方程(4.131)，$\boldsymbol{z}_{i,\alpha}$可写为

$$\boldsymbol{z}_{i,\alpha}=\boldsymbol{T}_i\cdot\tilde{\boldsymbol{z}}_{i,\alpha} \tag{4.137}$$

式中$\tilde{\boldsymbol{z}}_{i,\alpha}$是一个维向量，它是由$\boldsymbol{z}_{i,\alpha}$消去第 n_i 项或第 $n+1+n_i$ 项得到的。

$\boldsymbol{T}_i$ 是$(2n+1)\times 2n$ 维变换矩阵。

$$\boldsymbol{T}_i=\begin{bmatrix} & & 0 & & \\ \boldsymbol{I}_{n+n_i} & & \vdots & & 0 \\ & & 0 & & \\ 0 & \cdots & 0 \quad 1 \quad 0 & \cdots & 0 \\ & & 0 & & \\ 0 & & \vdots & & \boldsymbol{I}_{n-n_i} \\ & & 0 & & \end{bmatrix} \begin{matrix} \\ \\ \\ n+1+n_i \text{ 行} \\ \\ \\ \\ \end{matrix} \quad \underset{n_i\text{例}}{} \tag{4.138}$$

将式(4.137)代入方程(4.136)可得

$$\widetilde{\boldsymbol{F}}_i\cdot\tilde{\boldsymbol{z}}_{i,\alpha}=\tilde{\boldsymbol{b}}_i^{(1)} \tag{4.139}$$

式中,

$$\widetilde{\boldsymbol{F}}_{ii}=\boldsymbol{F}_i\cdot\boldsymbol{T}_i \quad \tilde{\boldsymbol{b}}_i^{(1)}=\boldsymbol{T}_i^{\mathrm{T}}\boldsymbol{b}_i^{(1)} \tag{4.140}$$

解方程(4.139)就可以得到特征解的一阶导数结果$\tilde{\boldsymbol{x}}_{i,\alpha}$。

简单归纳一下求特征值和特征向量一阶灵敏度的具体方法:

①给出结构矩阵 $\boldsymbol{M}$、$\boldsymbol{K}$ 和 $\boldsymbol{C}$ 及特征解 S_i、$\boldsymbol{x}_i$ 和$\boldsymbol{y}_i$;

②按照(4.135)计算$\boldsymbol{F}_i$;

③形成$\boldsymbol{T}_i$ 阵;

④通过矩阵转换得到$\widetilde{\boldsymbol{F}}_i$;

⑤计算$\boldsymbol{b}_i^{(1)}$ 和转换后的$\tilde{\boldsymbol{b}}_i^{(1)}$;

⑥通过解方程$\widetilde{\boldsymbol{F}}_i\cdot\tilde{\boldsymbol{z}}_{i,\alpha}=\tilde{\boldsymbol{b}}_i^{(1)}$ 得到$\tilde{\boldsymbol{z}}_{i,\alpha}$;

⑦将$\tilde{\boldsymbol{z}}_{i,\alpha}$转换为$\boldsymbol{z}_{i,\alpha}$,得到特征值和特征向量的一阶灵敏度。

下面在一阶解的基础上,求特征值和特征向量关于参数 p、q 的二阶导数向量 $\boldsymbol{z}_{i,pq}=\left(\dfrac{\partial^2\boldsymbol{x}_i}{\partial p\partial q},\dfrac{\partial^2 S_i}{\partial p\partial q},\dfrac{\partial^2\boldsymbol{y}_i^{\mathrm{T}}}{\partial p\partial q}\right)$。

同理可得方程

$$\boldsymbol{F}_i\boldsymbol{z}_{i,pq}=\boldsymbol{b}_i^{(2)} \tag{4.141}$$

其中

$$\boldsymbol{b}_i^{(2)}=\boldsymbol{b}_{i,q}^{(1)}-\boldsymbol{F}_{i,q}\boldsymbol{z}_{i,pq} \tag{4.142}$$

根据特征向量正交归一化条件(4.123)、(4.124),$\boldsymbol{z}_{i,pq}$也有同样的变化式

$$\boldsymbol{z}_{i,pq}=\boldsymbol{T}_i\tilde{\boldsymbol{z}}_{i,pq} \tag{4.143}$$

将式(4.143)代入式(4.141),方程两边再乘T_i^{T},得到

$$\widetilde{\boldsymbol{F}}_i \widetilde{\boldsymbol{x}}_{i,pq} = \widetilde{\boldsymbol{b}}_i^{(2)} \tag{4.144}$$

其中,

$$\widetilde{\boldsymbol{b}}_i^{(2)} = \boldsymbol{T}_i^{\mathrm{T}} \boldsymbol{b}_i^{(2)} \tag{4.145}$$

式(4.142)中$\boldsymbol{F}_{i,q}$是矩阵$\boldsymbol{F}_i$ 关于参数 q 的导数阵

$$\boldsymbol{F}_{i,q} = \begin{bmatrix} \boldsymbol{F}_{11i} & \boldsymbol{F}_{12i} & 0 \\ \boldsymbol{F}_{21i} & \boldsymbol{F}_{22i} & \boldsymbol{F}_{12i}^{\mathrm{T}} \\ 0 & \boldsymbol{F}_{21i}^{\mathrm{T}} & \boldsymbol{F}_{11i}^{\mathrm{T}} \end{bmatrix} \tag{4.146}$$

这里,

$$\begin{aligned} \boldsymbol{F}_{11i} &= (S_i^2 \boldsymbol{M}_{,q} + S_i \boldsymbol{C}_{,q} + \boldsymbol{K}_{,q}) + S_{i,q}(2S_i\boldsymbol{M} + \boldsymbol{C}) \\ \boldsymbol{F}_{12i} &= (2S_i \boldsymbol{M}_{,q} + \boldsymbol{C}_{,q}) \boldsymbol{u}_i + 2S_i \boldsymbol{M}\boldsymbol{u}_i + (2S_i\boldsymbol{M} + \boldsymbol{C}) \boldsymbol{u}_{i,q} \\ \boldsymbol{F}_{21i} &= v_i^{\mathrm{T}}(2S_i \boldsymbol{M}_{,q} + \boldsymbol{C}_{,q}) + 2S_{i,q} \boldsymbol{v}_i^{\mathrm{T}} M + \boldsymbol{v}_{i,q}^{\mathrm{T}}(2S_i\boldsymbol{M} + \boldsymbol{C}) \\ \boldsymbol{F}_{22i} &= 2(v_{i,q}^{\mathrm{T}} \boldsymbol{M}\boldsymbol{u}_i + \boldsymbol{v}_i^{\mathrm{T}} \boldsymbol{M}_{,q} \boldsymbol{u}_i + \boldsymbol{v}_i^{\mathrm{T}} \boldsymbol{M}\boldsymbol{u}_{i,q}) \end{aligned} \tag{4.147}$$

向量$b_i^{(1)}$ 对参数 q 的导数为

$$\boldsymbol{b}_i^{(1)} = -\begin{Bmatrix} \boldsymbol{b}_{i1} \\ \boldsymbol{b}_{i2} \\ \boldsymbol{b}_{i3} \end{Bmatrix} \tag{4.148}$$

式(4.148)中,

$$\begin{aligned} \boldsymbol{b}_{i1} &= g_1 \boldsymbol{u}_{i,q} + (S_i^2 \boldsymbol{M}_{,pq} + S_i \boldsymbol{C}_{,pq} + \boldsymbol{K}_{,pq}) + S_{i,q} g_2 \boldsymbol{u}_i \\ \boldsymbol{b}_{i2} &= \boldsymbol{v}_{i,q}^{\mathrm{T}} g_2 \boldsymbol{u}_i + \boldsymbol{v}_i^{\mathrm{T}} g_2 \boldsymbol{u}_{i,q} + \boldsymbol{v}_{i,q}^{\mathrm{T}}(2S_i \boldsymbol{M}_{,pq} + \boldsymbol{C}_{,pq}) \boldsymbol{u}_i + 2S_{i,q} \boldsymbol{v}_i^{\mathrm{T}} \boldsymbol{M}\boldsymbol{u}_i \\ \boldsymbol{b}_{i3} &= g_1^{\mathrm{T}} v_{i,q} + (S_i^2 \boldsymbol{M}_{,pq} + S_i \boldsymbol{C}_{,pq} + \boldsymbol{K}_{,pq})^{\mathrm{T}} v_i + S_{i,q} g_2^{\mathrm{T}} \boldsymbol{v}_i \end{aligned} \tag{4.149}$$

其中,

$$g_1 = S_i^2 \boldsymbol{M}_{,q} + S_i \boldsymbol{C}_{,q} + \boldsymbol{K}_{,q} \quad g_2 = 2S_i \boldsymbol{M}_{,p} + \boldsymbol{C}_{,p} \tag{4.150}$$

当结构对同一参数求二阶导时,式(4.144)可改写为

$$\widetilde{\boldsymbol{F}}_i \widetilde{\boldsymbol{z}}_{i,\alpha\alpha} = \widetilde{\boldsymbol{b}}_i^{(2)} \tag{4.151}$$

此时,$\widetilde{\boldsymbol{F}}_i$ 中的元素为

$$\begin{aligned} \boldsymbol{F}_{11i} &= (S_i^2 \boldsymbol{M}_{,\alpha\alpha} + S_i \boldsymbol{C}_{,\alpha} + \boldsymbol{K}_{,\alpha}) + S_{i,\alpha}(2S_i\boldsymbol{M} + \boldsymbol{C}) \\ \boldsymbol{F}_{12i} &= (2S_i \boldsymbol{M}_{,\alpha} + \boldsymbol{C}_{,\alpha}) x_i + 2S_i \boldsymbol{M}\boldsymbol{x}_i + (2S_i\boldsymbol{M} + \boldsymbol{C}) \boldsymbol{x}_{i,\alpha} \\ \boldsymbol{F}_{21i} &= \boldsymbol{y}_i^{\mathrm{T}}(2S_i \boldsymbol{M}_{,\alpha} + \boldsymbol{C}_{,\alpha}) + 2S_{i,\alpha} \boldsymbol{y}_i^{\mathrm{T}}\boldsymbol{M} + y_{i,\alpha}^{\mathrm{T}}(2S_i\boldsymbol{M} + \boldsymbol{C}) \\ \boldsymbol{F}_{22i} &= 2(y_{i,\alpha}^{\mathrm{T}} \boldsymbol{M}\boldsymbol{x}_i + \boldsymbol{y}_i^{\mathrm{T}} \boldsymbol{M}_{,\alpha} \boldsymbol{x}_i + \boldsymbol{y}_i^{\mathrm{T}} \boldsymbol{M}\boldsymbol{x}_{i,\alpha}) \end{aligned} \tag{4.152}$$

向量$\widetilde{\boldsymbol{b}}_i^{(2)}$ 中的元素为

$$\boldsymbol{b}_{i1} = g_1 \boldsymbol{x}_{i,\alpha} + (S_i^2 \boldsymbol{M}_{,\alpha\alpha} + S_i \boldsymbol{C}_{,\alpha\alpha} + \boldsymbol{K}_{,\alpha\alpha}) + S_{i,\alpha} g_2 \boldsymbol{x}_i$$
$$\boldsymbol{b}_{i2} = \boldsymbol{y}_{i,\alpha}^{\mathrm{T}} g_2 \boldsymbol{x}_i + y_i^{\mathrm{T}} g_2 \boldsymbol{x}_{i,\alpha} + y_{i,\alpha}^{\mathrm{T}} (2S_i \boldsymbol{M}_{,\alpha\alpha} + \boldsymbol{C}_{,\alpha\alpha}) \boldsymbol{x}_i + 2S_{i,\alpha} \boldsymbol{y}_i^{\mathrm{T}} \boldsymbol{M} \boldsymbol{x}_i$$
$$\boldsymbol{b}_{i3} = g_1^{\mathrm{T}} \boldsymbol{y}_{i,\alpha} + (S_i^2 \boldsymbol{M}_{,\alpha\alpha} + S_i \boldsymbol{C}_{,\alpha\alpha} + \boldsymbol{K}_{,\alpha\alpha})^{\mathrm{T}} \boldsymbol{y}_i + S_{i,\alpha} g_2^{\mathrm{T}} \boldsymbol{y}_i \tag{4.153}$$

此时

$$g_1 = S_i^2 \boldsymbol{M}_{,\alpha} + S_i \boldsymbol{C}_{,\alpha} + \boldsymbol{K}_{,\alpha} \quad g_2 = 2S_i \boldsymbol{M}_{,\alpha} + \boldsymbol{C}_{,\alpha} \tag{4.154}$$

简单总结一下求特征值和特征向量二阶导数的过程：

(1)计算$\boldsymbol{F}_{i,q}$和$\boldsymbol{b}_{i,q}^{(1)}$，得出$\boldsymbol{b}_i^{(2)}$；

(2)通过转换阵$\boldsymbol{T}_i$得到$\tilde{\boldsymbol{b}}_i^{(2)}$；

(3)从方程$\tilde{\boldsymbol{F}}_i \tilde{\boldsymbol{z}}_{i,pq} = \tilde{\boldsymbol{b}}_i^{(2)}$中解出$\tilde{\boldsymbol{z}}_{i,pq}$；

(4)通过转换阵$\boldsymbol{T}_i$得到二阶特征解$\boldsymbol{z}_{i,pq}$，这样就可以得到特征值和特征向量的二阶灵敏度($\boldsymbol{x}_{i,pq}, S_{i,pq}, \boldsymbol{y}_{i,pq}^{\mathrm{T}}$)。

4.4.2 Sondipon Adhikari 全模态展开法

文献[202]将右特征值问题(4.3)改写为

$$\boldsymbol{P}_i \boldsymbol{u}_i = 0 \tag{4.155}$$

其中，

$$\boldsymbol{P}_i = S_i \boldsymbol{A} + \boldsymbol{B} \tag{4.156}$$

这里，设

$$\boldsymbol{A} = \begin{bmatrix} \boldsymbol{C} & \boldsymbol{M} \\ \boldsymbol{M} & 0 \end{bmatrix} \quad \boldsymbol{B} = \begin{bmatrix} \boldsymbol{K} & 0 \\ 0 & -\boldsymbol{M} \end{bmatrix} \tag{4.157}$$

右、左特征向量

$$\boldsymbol{u}_i = \begin{Bmatrix} \boldsymbol{x}_i \\ S_i \boldsymbol{x}_i \end{Bmatrix} \quad \boldsymbol{v}_i = \begin{Bmatrix} \boldsymbol{y}_i \\ S_i \boldsymbol{y}_i \end{Bmatrix} \tag{4.158}$$

特征解为 $S_1, \cdots, S_n, S_1^*, \cdots, S_n^*$，这里$(\cdot)^*$表示共轭。

特征向量正交关系为

$$\boldsymbol{v}_i^{\mathrm{T}} \boldsymbol{A} \boldsymbol{u}_i = \frac{1}{\gamma_i} \tag{4.159}$$

将式(4.157)代入上式

$$\boldsymbol{v}_i^{\mathrm{T}} [2S_i \boldsymbol{M} + \boldsymbol{C}] \boldsymbol{u}_i = \frac{1}{\gamma_i} \tag{4.160}$$

在实际分析过程中经常选 $\gamma_i = \frac{1}{2} S_i$。

式(4.155)对参数 α 求偏导

$$\boldsymbol{P}_{i,\alpha}\boldsymbol{u}_i+\boldsymbol{P}_i\boldsymbol{u}_{i,\alpha}=0 \tag{4.161}$$

式(4.156)对参数 α 求偏导

$$\boldsymbol{P}_{i,\alpha}=S_{i,\alpha}\boldsymbol{A}+S_i\boldsymbol{A}_{,\alpha}+\boldsymbol{B}_{,\alpha} \tag{4.162}$$

同理,可以求得关于左特征向量的关系式

$$\boldsymbol{v}_i^{\mathrm{T}}\boldsymbol{P}_{i,\alpha}+\boldsymbol{v}_{i,\alpha}^{\mathrm{T}}\boldsymbol{P}_i=0^{\mathrm{T}} \tag{4.163}$$

根据模态展开法,有

$$\boldsymbol{u}_{i,\alpha}=\sum_{l=1}^{2N}a_{il}^{(\alpha)}\boldsymbol{u}_l \tag{4.164}$$

$$\boldsymbol{v}_{i,\alpha}=\sum_{l=1}^{2N}b_{il}^{(\alpha)}\boldsymbol{v}_l \tag{4.165}$$

将式(4.164)和(4.165)代入式(4.161)和式(4.163)并根据特征向量的正交关系,可得当 $k\neq i$ 时

$$a_{ik}^{(\alpha)}=-\frac{\boldsymbol{v}_k^{\mathrm{T}}\boldsymbol{P}_{i,\alpha}\boldsymbol{u}_i}{\boldsymbol{v}_k^{\mathrm{T}}\boldsymbol{A}\boldsymbol{u}_k(S_i-S_k)} \tag{4.166}$$

$$b_{ik}^{(\alpha)}=-\frac{v_i^{\mathrm{T}}P_{i,\alpha}\boldsymbol{u}_k}{\boldsymbol{v}_k^{\mathrm{T}}\boldsymbol{A}\boldsymbol{u}_k(S_i-S_k)} \tag{4.167}$$

当 $k=i$ 时,$a_{ii}^{(\alpha)}$ 和 $b_{ii}^{(\alpha)}$ 由下面的方程得出

$$\begin{cases}a_{ii}^{(\alpha)}+b_{ii}^{(\alpha)}=-\dfrac{\boldsymbol{v}_i^{\mathrm{T}}\boldsymbol{A}_{,\alpha}\boldsymbol{u}_i}{\boldsymbol{v}_i^{\mathrm{T}}\boldsymbol{A}\boldsymbol{u}_i}\\ b_{ii}^{(\alpha)}-a_{ii}^{(\alpha)}=\dfrac{1}{(\boldsymbol{v}_i)_{n_j}}\sum\limits_{\substack{k=1\\k\neq i}}^{2N}\left[a_{ik}^{(\alpha)}(\boldsymbol{u}_k)_{n_i}-b_{ik}^{(\alpha)}(\boldsymbol{v}_k)_{n_i}\right]\end{cases} \tag{4.168}$$

由于式(4.168)计算不方便,可以用下式代为求解

$$\begin{aligned}\boldsymbol{v}_k^{\mathrm{T}}P_{i,\alpha}\boldsymbol{u}_i&=\boldsymbol{v}_k^{\mathrm{T}}(S_i\boldsymbol{A}_{,\alpha}+\boldsymbol{B}_{,\alpha})\boldsymbol{u}_i\\&=\begin{pmatrix}\boldsymbol{y}_k\\S_k\boldsymbol{y}_k\end{pmatrix}^{\mathrm{T}}\begin{pmatrix}S_i\boldsymbol{C}_{,\alpha}+\boldsymbol{K}_{,\alpha}&S_i\boldsymbol{M}_{,\alpha}\\S_i\boldsymbol{M}_{,\alpha}&-\boldsymbol{M}_{,\alpha}\end{pmatrix}\begin{pmatrix}\boldsymbol{x}_i\\S_i\boldsymbol{x}_i\end{pmatrix}\\&=\boldsymbol{y}_k^{\mathrm{T}}(S_i^2\boldsymbol{M}_{,\alpha}+S_i\boldsymbol{C}_{,\alpha}+\boldsymbol{K}_{,\alpha})\boldsymbol{x}_i\end{aligned} \tag{4.169}$$

将式 $\boldsymbol{v}_i^{\mathrm{T}}\boldsymbol{A}\boldsymbol{u}_i=\dfrac{1}{\gamma_i}$ 代入式(4.166),得到当 $k\neq j,j+N$ 时的系数 $a_{jk}^{(\alpha)}$

$$a_{ik}^{(\alpha)}=-\gamma_k\frac{\boldsymbol{y}_k^{\mathrm{T}}(S_i^2\boldsymbol{M}_{,\alpha}+S_i\boldsymbol{C}_{,\alpha}+\boldsymbol{K}_{,\alpha})\boldsymbol{x}_i}{(S_i-S_k)} \tag{4.170}$$

当 $k=j+N$ 时,由于特征值 $S_k=S_j^*$ 和特征向量 $v_k=v_k^*$,可以得到

$$\begin{aligned}\boldsymbol{v}_k^{\mathrm{T}}\boldsymbol{P}_{i,\alpha}\boldsymbol{u}_i&=\boldsymbol{v}_i^{*\mathrm{T}}(S_i\boldsymbol{A}_{i,\alpha}+\boldsymbol{B}_{,\alpha})\boldsymbol{u}_i+S_{i,\alpha}\boldsymbol{v}_i^{*\mathrm{T}}\boldsymbol{A}\boldsymbol{u}_i\\&=\boldsymbol{y}_i^{*\mathrm{T}}(S_i^2\boldsymbol{M}_{,\alpha}+S_i\boldsymbol{C}_{,\alpha}+\boldsymbol{K}_{,\alpha})\boldsymbol{x}_i-\\&\quad\boldsymbol{y}_i^{\mathrm{T}}(S_i^2\boldsymbol{M}_{,\alpha}+S_i\boldsymbol{C}_{,\alpha}+\boldsymbol{K}_{,\alpha})\times\boldsymbol{x}_i\frac{\boldsymbol{y}_i^{*\mathrm{T}}[(S_i+S_i^*)\boldsymbol{M}+\boldsymbol{C}]\boldsymbol{x}_i}{\boldsymbol{y}_i^{\mathrm{T}}(2S_i\boldsymbol{M}+\boldsymbol{C})\boldsymbol{x}_i}\end{aligned}$$

$$=(\boldsymbol{y}_i^* - \eta_{v_i}\boldsymbol{y}_i)^{\mathrm{T}}(S_i^2\boldsymbol{M}_{,\alpha} + S_i\boldsymbol{C}_{,\alpha} + \boldsymbol{K}_{,\alpha})\boldsymbol{x}_i \tag{4.171}$$

其中，

$$\eta_{v_i} = \frac{\boldsymbol{y}_i^{*\mathrm{T}}[(S_i + S_i^*)\boldsymbol{M} + \boldsymbol{C}]\boldsymbol{x}_i}{\boldsymbol{y}_i^{\mathrm{T}}(2S_i\boldsymbol{M} + \boldsymbol{C})\boldsymbol{x}_i} = \gamma_i\boldsymbol{y}_i^{*\mathrm{T}}[(S_i + S_i^*)\boldsymbol{M} + \boldsymbol{C}]\boldsymbol{x}_i \tag{4.172}$$

式中，$(\cdot)^*$ 表示共轭项。

根据上式的系数关系，式(4.166)可以得到

$$a_{ii+N}^{(\alpha)} = i\gamma_i^*\frac{(\boldsymbol{y}_i^* - \eta_{v_i}\boldsymbol{y}_i)^{\mathrm{T}}[S_i^2\boldsymbol{M}_{,\alpha} + S_i\boldsymbol{C}_{,\alpha} + \boldsymbol{K}_{,\alpha}]\boldsymbol{x}_i}{2\mathrm{imag}(S_i)} \tag{4.173}$$

其中 imag(·)表示虚部。

同理可得当 $k \neq j, j+k$ 时式(4.167)的 $b_{jk}^{(\alpha)}$

$$b_{ik}^{(\alpha)} = -\gamma_k\frac{\boldsymbol{y}_i^{\mathrm{T}}[S_i^2\boldsymbol{M}_{,\alpha} + S_i\boldsymbol{C}_{,\alpha} + \boldsymbol{K}_{,\alpha}]\boldsymbol{x}_k}{(S_i - S_k)} \tag{4.174}$$

这样可以得到右、左特征向量的一阶灵敏度

$$\boldsymbol{u}_{i,\alpha} = a_{ii}^{(\alpha)}\boldsymbol{u}_i + a_{ii+N}^{(\alpha)}\boldsymbol{u}_i^* + \sum_{\substack{k=1\\k\neq i}}^{n}[a_{ik}^{(\alpha)}\boldsymbol{u}_k + a_{ik+n}^{(\alpha)}\boldsymbol{u}_k^*] \tag{4.175}$$

$$\boldsymbol{v}_{i,\alpha} = b_{ii}^{(\alpha)}\boldsymbol{v}_i + b_{ii+n}^{(\alpha)}\boldsymbol{v}_i^* + \sum_{\substack{k=1\\k\neq i}}^{n}[b_{ik}^{(\alpha)}\boldsymbol{v}_k + b_{ik+n}^{(\alpha)}\boldsymbol{v}_k^*] \tag{4.176}$$

在一阶灵敏度的基础上，求特征值对变量 p,q 二阶导数。

式(4.161)的基础上对参数 q 求导

$$\boldsymbol{P}_{i,pq}\boldsymbol{u}_i + \boldsymbol{P}_{i,p}\boldsymbol{u}_{i,q} + \boldsymbol{P}_{i,q}\boldsymbol{u}_{i,p} + \boldsymbol{P}_i\boldsymbol{u}_{i,pq} = 0 \tag{4.177}$$

其中，

$$\boldsymbol{P}_{i,pq} = [\boldsymbol{P}_{i,p}]_{,q} = [\boldsymbol{P}_{i,p} + S_{i,p}\boldsymbol{G}_i]_{,q} = [\widetilde{\boldsymbol{P}}_{i,p}]_{,q} + S_{i,p}\boldsymbol{G}_{i,q} + S_{i,pq}\boldsymbol{G}_i \tag{4.178}$$

$$[\widetilde{\boldsymbol{P}}_{i,p}]_{,q} = \widetilde{\boldsymbol{P}}_{i,pq} + S_{i,q}\widetilde{\boldsymbol{G}}_{i,p} \tag{4.179}$$

$$\begin{aligned}\widetilde{\boldsymbol{P}}_{i,pq} &= S_i^2\boldsymbol{M}_{,pq} + S_i\boldsymbol{C}_{,pq} + \boldsymbol{K}_{,pq}\\ \widetilde{\boldsymbol{G}}_{i,p} &= 2S_i\boldsymbol{M}_{,p} + \boldsymbol{C}_{,p}\end{aligned} \tag{4.180}$$

考虑到式(4.178)和(4.180)，可以得到$\boldsymbol{P}_{i,pq}$

$$\boldsymbol{v}_i^{\mathrm{T}}\boldsymbol{P}_{i,pq}\boldsymbol{u}_i + \boldsymbol{v}_i^{\mathrm{T}}(\widetilde{\boldsymbol{P}}_{i,p} + S_{i,p}\boldsymbol{G}_i)\boldsymbol{u}_{i,q} + \boldsymbol{v}_i^{\mathrm{T}}(\widetilde{\boldsymbol{P}}_{i,q} + S_{i,q}\boldsymbol{G}_i)\boldsymbol{u}_{i,p} = 0 \tag{4.181}$$

式(4.177)两端左乘$\boldsymbol{v}_i^{\mathrm{T}}$

$$\boldsymbol{v}_i^{\mathrm{T}}\boldsymbol{P}_{i,pq}\boldsymbol{u}_i + \boldsymbol{v}_i^{\mathrm{T}}(\widetilde{\boldsymbol{P}}_{i,p} + S_{i,p}\boldsymbol{G}_i)\boldsymbol{u}_{i,q} + \boldsymbol{v}_i^{\mathrm{T}}(\widetilde{\boldsymbol{P}}_{i,q} + S_{i,q}\boldsymbol{G}_i)\boldsymbol{u}_{i,p} = 0 \tag{4.182}$$

可以得到

$$S_{j,pq} = -\frac{1}{\boldsymbol{v}_j^{\mathrm{T}}G_j\boldsymbol{u}_j}[\boldsymbol{v}_j^{\mathrm{T}}(\approx{\boldsymbol{P}}_{j,pq} + S_{j,p}\widetilde{\boldsymbol{G}}_{j,q} + S_{j,q}\widetilde{\boldsymbol{G}}_{j,p})\boldsymbol{u}_j +$$

$$\boldsymbol{v}_j^{\mathrm{T}}(\widetilde{\boldsymbol{P}}_{j,p}+S_{j,q}\boldsymbol{G}_j)\boldsymbol{u}_{j,q}+\boldsymbol{v}_j^{\mathrm{T}}(\widetilde{\boldsymbol{P}}_{j,q}+S_{j,q}\boldsymbol{G}_j)\boldsymbol{u}_{j,p}+2S_{j,p}S_{j,q}\boldsymbol{v}_j^{\mathrm{T}}\boldsymbol{M}\boldsymbol{u}_j]\tag{4.183}$$

对同一参数 p 求二阶导数

$$S_{j,pp}=-\frac{2}{\boldsymbol{v}_j^{\mathrm{T}}\boldsymbol{G}_j\boldsymbol{u}_j}[\boldsymbol{v}_j^{\mathrm{T}}\widetilde{\boldsymbol{P}}_{j,p}\boldsymbol{u}_{j,p}+S_{j,p}(\boldsymbol{v}_j^{\mathrm{T}}\widetilde{\boldsymbol{G}}_{j,p}\boldsymbol{u}_j+v_j^{\mathrm{T}}\boldsymbol{G}_j\boldsymbol{u}_{j,p})+S_{j,p}^2\boldsymbol{v}_j^{\mathrm{T}}\boldsymbol{M}\boldsymbol{u}_j]\tag{4.184}$$

对特征向量二阶导数的求法与上面的一阶项的方法相同，根据模态展开法

$$\boldsymbol{u}_{i,pq}=\sum_{l=1}^{2n}c_{il}^{pq}\boldsymbol{u}_l\tag{4.185}$$

$$\boldsymbol{v}_{i,pq}=\sum_{l=1}^{2n}d_{il}^{pq}\boldsymbol{v}_l\tag{4.186}$$

其中，当 $k\neq j$ 时

$$c_{ik}^{(pq)}=-\frac{\boldsymbol{v}_k^{\mathrm{T}}\boldsymbol{P}_{i,pq}\boldsymbol{u}_i+\boldsymbol{v}_k^{\mathrm{T}}\boldsymbol{P}_{i,p}\boldsymbol{u}_{i,q}+\boldsymbol{v}_k^{\mathrm{T}}\boldsymbol{P}_{i,q}\boldsymbol{u}_{i,p}}{\boldsymbol{v}_k^{\mathrm{T}}\boldsymbol{A}\boldsymbol{u}_k(S_i-S_k)}\tag{4.187}$$

$$d_{ik}^{(pq)}=-\frac{\boldsymbol{v}_i^{\mathrm{T}}\boldsymbol{P}_{i,pq}\boldsymbol{u}_k+\boldsymbol{v}_{i,p}^{\mathrm{T}}\boldsymbol{P}_{i,p}\boldsymbol{u}_k+\boldsymbol{v}_{i,p}^{\mathrm{T}}\boldsymbol{P}_{i,q}\boldsymbol{u}_k}{\boldsymbol{v}_k^{\mathrm{T}}\boldsymbol{A}\boldsymbol{u}_k(S_i-S_k)}\tag{4.188}$$

当 $k=j$ 时，$c_{ii}^{(pq)}$ 和 $d_{ii}^{(pq)}$ 根据式(4.185)和(4.186)及特征向量的正交关系可得

$$\begin{aligned}c_{ii}^{(pq)}+d_{ii}^{(pq)}=-\frac{1}{\boldsymbol{v}_i^{\mathrm{T}}\boldsymbol{A}\boldsymbol{u}_i}[&\boldsymbol{v}_i^{\mathrm{T}}\boldsymbol{A}_{i,pq}\boldsymbol{u}_i+\boldsymbol{v}_{i,q}^{\mathrm{T}}\boldsymbol{A}_{i,p}\boldsymbol{u}_i+\\&\boldsymbol{v}_{i,q}^{\mathrm{T}}\boldsymbol{A}\boldsymbol{u}_{i,p}+\boldsymbol{v}_{i,p}^{\mathrm{T}}\boldsymbol{A}_{,q}\boldsymbol{u}_i+\boldsymbol{v}_{i,q}^{\mathrm{T}}\boldsymbol{A}\boldsymbol{u}_{i,q}+\boldsymbol{v}_i^{\mathrm{T}}\boldsymbol{A}_{,p}\boldsymbol{u}_{i,q}+\boldsymbol{v}_i^{\mathrm{T}}\boldsymbol{A}_{,q}\boldsymbol{u}_{i,p}]\end{aligned}\tag{4.189}$$

$$c_{ii}^{(pq)}-d_{ii}^{(pq)}=\frac{1}{\{\boldsymbol{v}_i\}_{n_i}}\sum_{\substack{k=1\\k\neq i}}^{2n}[c_{ik}^{(pq)}\{\boldsymbol{u}_k\}_{n_i}-d_{ik}^{(pq)}\{\boldsymbol{v}_k\}_{n_i}]\tag{4.190}$$

解方程(4.189)和(4.190)就得到了右、左特征向量关于 p 和 q 的二阶灵敏度

$$\boldsymbol{u}_{j,pq}=c_{jj}^{(pq)}\boldsymbol{u}_j+c_{jj+N}^{(pq)}\boldsymbol{u}_j^*+\sum_{\substack{k=1\\k\neq j}}^{N}[c_{jk}^{(pq)}\boldsymbol{u}_k+c_{jk+N}^{(pq)}\boldsymbol{u}_k^*]\tag{4.191}$$

$$\boldsymbol{v}_{j,pq}=d_{jj}^{(pq)}\boldsymbol{v}_j+d_{jj+N}^{(pq)}\boldsymbol{v}_j^*+\sum_{\substack{k=1\\k\neq j}}^{N}[d_{jk}^{(pq)}\boldsymbol{v}_k+d_{jk+N}^{(pq)}\boldsymbol{v}_k^*]\tag{4.192}$$

当 $p=q$ 时

$$\begin{aligned}c_{ij}^{(pp)}=-\frac{2\gamma_k}{(S_i-S_k)}[&\boldsymbol{v}_k^{\mathrm{T}}\widetilde{\boldsymbol{P}}_{i,p}\boldsymbol{u}_{i,p}+(S_i+S_k)S_{i,p}\boldsymbol{v}_k^{\mathrm{T}}\boldsymbol{M}\boldsymbol{u}_{i,p}+\\&S_{i,p}(\boldsymbol{v}_k^{\mathrm{T}}\boldsymbol{C}_{,p}\boldsymbol{u}_i+\boldsymbol{v}_k^{\mathrm{T}}\boldsymbol{C}\boldsymbol{u}_{i,p})+2S_iS_{i,p}\boldsymbol{v}_k^{\mathrm{T}}\boldsymbol{M}_{,p}\boldsymbol{u}_i+\\&2S_{i,p}^2\boldsymbol{v}_k^{\mathrm{T}}\boldsymbol{M}\boldsymbol{u}_i]\end{aligned}\tag{4.193}$$

$$d_{ij}^{(pp)} = -\frac{2\gamma_k}{(S_i - S_k)}[\boldsymbol{v}_{i,p}^{\mathrm{T}} \widetilde{\boldsymbol{P}}_{i,p} \boldsymbol{u}_k + (S_i + S_k) S_{i,p} \boldsymbol{v}_{i,p}^{\mathrm{T}} \boldsymbol{M} \boldsymbol{u}_k + S_{i,p}(\boldsymbol{v}_i^{\mathrm{T}} \boldsymbol{C}_{,p} \boldsymbol{u}_k + \boldsymbol{v}_{i,p}^{\mathrm{T}} \boldsymbol{C} \boldsymbol{u}_k) + 2 S_i S_{i,p} \boldsymbol{v}_i^{\mathrm{T}} \boldsymbol{M}_{,p} \boldsymbol{u}_k + 2 S_{i,p}^2 \boldsymbol{v}_i^{\mathrm{T}} \boldsymbol{M} \boldsymbol{u}_k] \tag{4.194}$$

$$c_{ii}^{(pp)} + d_{ii}^{(pp)} = -2\gamma_i [\boldsymbol{v}_{i,p}^{\mathrm{T}} \widetilde{\boldsymbol{G}}_{i,p} \boldsymbol{u}_i + \boldsymbol{v}_i^{\mathrm{T}} \widetilde{\boldsymbol{G}}_{i,p} \boldsymbol{u}_{i,p} + \boldsymbol{v}_{i,p}^{\mathrm{T}} \boldsymbol{G}_i \boldsymbol{u}_{i,p} + S_{i,p}(\boldsymbol{v}_{i,p}^{\mathrm{T}} \boldsymbol{M} \boldsymbol{u}_i + \boldsymbol{v}_i^{\mathrm{T}} \boldsymbol{M} \boldsymbol{u}_{i,p} + 2 \boldsymbol{v}_i^{\mathrm{T}} \boldsymbol{M}_{,p} \boldsymbol{u}_i)] \tag{4.195}$$

综合方程(4.193)、(4.194)和(4.195)就得到了特征值和特征向量对同一参数的二阶灵敏度。

4.5　本章小结

Sondipon Adhikari 的降维模态展开法将计算复模态特征向量的一阶导数限制在 n 维空间。在整个推导过程中，右、左复特征向量$\boldsymbol{u}_i$ 和$\boldsymbol{v}_i$ 只起到中介作用，最后得到了$x_{i,a}$在 n 维空间中的线性组合表达式，避免了对状态空间的求解。Zimoch 将结构特征值和特征向量的一阶灵敏度用特征解对系统矩阵元素的导数和表示，为求解特征灵敏度问题提供了新思路。在求特征值和特征向量二阶灵敏度时，这里介绍的 Najeh Guedria 代数法和 Sondipon Adhikari 全模态展开法都需要解一系列的方程以确定复模态特征灵敏度的表达式，其计算过程复杂，在处理大型问题时计算量大，无法保证精度。并且这些算法都没有解决由于特征值和特征向量不显含结构参数，其多参数导数矩阵无法直接计算的问题。

第5章　多参数结构复模态摄动灵敏度分析

5.1　引　言

当结构具有非比例阻尼时，其有关的系数矩阵不再是实对称矩阵，而是复非对称矩阵，在这种情况下，需要采用复模态矩阵摄动法进行研究。这里，采用大多数文献中关于特征值是孤立并完备的假设。对比第3章用实模态矩阵摄动法研究多参数结构特征值和特征向量一阶、二阶摄动灵敏度的方法，本章将采用复模态矩阵摄动法研究多参数结构复模态的摄动灵敏度问题。

5.2　问题描述

当结构参数发生变化时，描绘系统的质量、刚度和阻尼矩阵也有所改变，这种改变可以表示为

$$\boldsymbol{M}=\boldsymbol{M}_0+\varepsilon\boldsymbol{M}_1\quad \boldsymbol{K}=\boldsymbol{K}_0+\varepsilon\boldsymbol{K}_1\quad \boldsymbol{C}=\boldsymbol{C}_0+\varepsilon\boldsymbol{C}_1 \tag{5.1}$$

根据式(4.10)有

$$\boldsymbol{A}=\boldsymbol{A}_0+\varepsilon\boldsymbol{A}_1\quad \boldsymbol{B}=\boldsymbol{B}_0+\varepsilon\boldsymbol{B}_1 \tag{5.2}$$

式中 ε 是一个小参数，与 $\varepsilon=0$ 对应的系统称为原系统。$\boldsymbol{M}_0$，$\boldsymbol{K}_0$ 和 $\boldsymbol{C}_0$ 是原系统的质量、刚度和阻尼矩阵。$\varepsilon\boldsymbol{M}_1$，$\varepsilon\boldsymbol{K}_1$ 和 $\varepsilon\boldsymbol{C}_1$ 代表相应的变化。当 ε 很小时，结构的特征值和特征向量都只有小变化，根据摄动理论，可将特征值和特征向量按小参数 ε 展开为幂级数

$$\begin{aligned}\boldsymbol{S}&=\boldsymbol{S}_0+\varepsilon\boldsymbol{S}_1+\varepsilon^2\boldsymbol{S}_2+\cdots\\ \boldsymbol{U}&=\boldsymbol{U}_0+\varepsilon\boldsymbol{U}_1+\varepsilon^2\boldsymbol{U}_2+\cdots\\ \boldsymbol{V}&=\boldsymbol{V}_0+\varepsilon\boldsymbol{V}_1+\varepsilon^2\boldsymbol{V}_2+\cdots\end{aligned} \tag{5.3}$$

将式(5.3)代入式(5.2)，可得

$$((\boldsymbol{A}_0+\varepsilon\boldsymbol{A}_1)(\boldsymbol{S}_0+\varepsilon\boldsymbol{S}_1+\varepsilon^2\boldsymbol{S}_2)+(\boldsymbol{B}_0+\varepsilon\boldsymbol{B}_1))(\boldsymbol{U}_0+\varepsilon\boldsymbol{U}_1+\varepsilon^2\boldsymbol{U}_2)=0 \tag{5.4}$$

和

$$((\boldsymbol{A}_0+\varepsilon\boldsymbol{A}_1)^{\mathrm{T}}(\boldsymbol{S}_0+\varepsilon\boldsymbol{S}_1+\varepsilon^2\boldsymbol{S}_2)+(\boldsymbol{B}_0+\varepsilon\boldsymbol{B}_1)^{\mathrm{T}})(\boldsymbol{U}_0+\varepsilon\boldsymbol{U}_1+\varepsilon^2\boldsymbol{U}_2)=0 \tag{5.5}$$

根据归一化条件式(4.14)，整理式(5.4)和(5.5)并按 $\varepsilon^0,\varepsilon^1,\varepsilon^2$ 次排列，可得

ε^0

$$(\boldsymbol{A}_0\boldsymbol{S}_0+\boldsymbol{B}_0)\boldsymbol{U}_0=0 \tag{5.6}$$

$$(\boldsymbol{A}_0^{\mathrm{T}}\boldsymbol{S}_0+\boldsymbol{B}_0^{\mathrm{T}})\boldsymbol{V}_0=0 \tag{5.7}$$

$$\boldsymbol{V}_0^{\mathrm{T}}\boldsymbol{A}_0\boldsymbol{U}_0=I \tag{5.8}$$

ε^1

$$\boldsymbol{B}_0\boldsymbol{U}_1+\boldsymbol{A}_0\boldsymbol{S}_0\boldsymbol{U}_1+\boldsymbol{A}_0\boldsymbol{S}_1\boldsymbol{U}_0=-(\boldsymbol{A}_1\boldsymbol{S}_0\boldsymbol{U}_0+\boldsymbol{B}_1\boldsymbol{U}_0) \tag{5.9}$$

$$\boldsymbol{B}_0^{\mathrm{T}}\boldsymbol{V}_1+\boldsymbol{A}_0^{\mathrm{T}}\boldsymbol{S}_0\boldsymbol{V}_1+\boldsymbol{A}_0^{\mathrm{T}}\boldsymbol{S}_1\boldsymbol{V}_0=-(\boldsymbol{A}_1^{\mathrm{T}}\boldsymbol{S}_0\boldsymbol{V}_0+\boldsymbol{B}_1^{\mathrm{T}}\boldsymbol{V}_0) \tag{5.10}$$

$$\boldsymbol{v}_{0i}^{\mathrm{T}}\boldsymbol{A}_0\boldsymbol{u}_{1i}+\boldsymbol{v}_{0i}^{\mathrm{T}}\boldsymbol{A}_1\boldsymbol{u}_{0i}=-\boldsymbol{v}_{1i}^{\mathrm{T}}\boldsymbol{A}_0\boldsymbol{u}_{0i} \tag{5.11}$$

ε^2

$$\boldsymbol{B}_0\boldsymbol{U}_2+\boldsymbol{A}_0\boldsymbol{S}_0\boldsymbol{U}_2+\boldsymbol{A}_0\boldsymbol{S}_2\boldsymbol{U}_0 =-(\boldsymbol{A}_0\boldsymbol{S}_1\boldsymbol{U}_1+\boldsymbol{A}_1\boldsymbol{S}_1\boldsymbol{U}_0+\boldsymbol{A}_1\boldsymbol{S}_0\boldsymbol{U}_1+\boldsymbol{B}_1\boldsymbol{U}_1) \tag{5.12}$$

$$\boldsymbol{B}_0^{\mathrm{T}}\boldsymbol{V}_2+\boldsymbol{A}_0^{\mathrm{T}}\boldsymbol{S}_0\boldsymbol{V}_2+\boldsymbol{A}_0^{\mathrm{T}}\boldsymbol{S}_2\boldsymbol{V}_0 =-(\boldsymbol{A}_0^{\mathrm{T}}\boldsymbol{S}_1\boldsymbol{V}_1+\boldsymbol{A}_1^{\mathrm{T}}\boldsymbol{S}_1\boldsymbol{V}_0+\boldsymbol{A}_1^{\mathrm{T}}\boldsymbol{S}_0\boldsymbol{V}_1+\boldsymbol{B}_1^{\mathrm{T}}\boldsymbol{V}_1) \tag{5.13}$$

$$\boldsymbol{v}_{0i}^{\mathrm{T}}\boldsymbol{A}_0\boldsymbol{u}_{2i}+\boldsymbol{v}_{2i}^{\mathrm{T}}\boldsymbol{A}_0\boldsymbol{u}_{0i}=-\boldsymbol{v}_{1i}^{\mathrm{T}}\boldsymbol{A}_0\boldsymbol{u}_{1i}-\boldsymbol{v}_{0i}^{\mathrm{T}}\boldsymbol{A}_1\boldsymbol{u}_{1i}-\boldsymbol{v}_{1i}^{\mathrm{T}}\boldsymbol{A}_1\boldsymbol{u}_{0i} \tag{5.14}$$

根据展开定理，将一阶摄动量$\boldsymbol{u}_{1i}$按原系统的右特征向量展开

$$\boldsymbol{u}_{1i}=\sum_{j=1}^{2n}\boldsymbol{C}_{ij}^1\boldsymbol{u}_{0j} \tag{5.15}$$

即

$$\boldsymbol{U}_1=\boldsymbol{U}_0\boldsymbol{C}^1 \tag{5.16}$$

将二阶摄动量$\boldsymbol{u}_{2i}$按原系统的右特征向量展开

$$\boldsymbol{u}_{2i}=\sum_{j=1}^{2n}\boldsymbol{C}_{ij}^2\boldsymbol{u}_{0j} \tag{5.17}$$

即

$$\boldsymbol{U}_2=\boldsymbol{U}_0\boldsymbol{C}^2 \tag{5.18}$$

将式(5.16)代入式(5.9)，可得

$$\boldsymbol{B}_0\boldsymbol{U}_0\boldsymbol{C}^1+\boldsymbol{A}_0\boldsymbol{S}_0\boldsymbol{U}_0\boldsymbol{C}^1+\boldsymbol{A}_0\boldsymbol{S}_1\boldsymbol{U}_0=-(\boldsymbol{A}_1\boldsymbol{S}_0\boldsymbol{U}_0+\boldsymbol{B}_1\boldsymbol{U}_0) \tag{5.19}$$

上式两边左乘$\boldsymbol{V}_0^{\mathrm{T}}$

$$\boldsymbol{V}_0^{\mathrm{T}}\boldsymbol{B}_0\boldsymbol{U}_0\boldsymbol{C}^1+\boldsymbol{V}_0^{\mathrm{T}}\boldsymbol{A}_0 S_0\boldsymbol{U}_0\boldsymbol{C}^1+\boldsymbol{V}_0^{\mathrm{T}}\boldsymbol{A}_0\boldsymbol{S}_1\boldsymbol{U}_0=-(\boldsymbol{V}_0^{\mathrm{T}}\boldsymbol{A}_1\boldsymbol{U}_0\boldsymbol{S}_0+\boldsymbol{V}_0^{\mathrm{T}}\boldsymbol{B}_1\boldsymbol{U}_0) \tag{5.20}$$

将方程(4.14)带入上式，令

$$P^1=-\boldsymbol{V}_0^{\mathrm{T}}(\boldsymbol{A}_1\boldsymbol{S}_0+\boldsymbol{B}_1)\boldsymbol{U}_0 \tag{5.21}$$

可得，当 $i=j$ 时

$$\boldsymbol{S}_1=\mathrm{diag}(P_{11}^1,P_{22}^1,\cdots) \tag{5.22}$$

$$\boldsymbol{S}_{1i}=-\boldsymbol{v}_{0i}^{\mathrm{T}}(\boldsymbol{A}_1\boldsymbol{S}_{0i}+\boldsymbol{B}_1)\boldsymbol{u}_{0i} \tag{5.23}$$

当 $i\neq j$ 时，可得

$$\boldsymbol{C}_{ij}^{1}=\frac{1}{\boldsymbol{S}_{0j}-\boldsymbol{S}_{0i}}\boldsymbol{P}_{ij}^{1} \tag{5.24}$$

将式(5.18)代入式(5.13)

$$\boldsymbol{B}_0\boldsymbol{U}_0\boldsymbol{C}^2+\boldsymbol{A}_0\boldsymbol{S}_0\boldsymbol{U}_0\boldsymbol{C}^2+\boldsymbol{A}_0\boldsymbol{S}_2\boldsymbol{U}_0=-(\boldsymbol{A}_0\boldsymbol{S}_1\boldsymbol{U}_1+\boldsymbol{A}_1\boldsymbol{S}_1\boldsymbol{U}_0+\boldsymbol{A}_1\boldsymbol{S}_0\boldsymbol{U}_1+\boldsymbol{B}_1\boldsymbol{U}_1) \tag{5.25}$$

上式两边左乘$\boldsymbol{V}_0^{\mathrm{T}}$

$$\begin{aligned}&\boldsymbol{V}_0^{\mathrm{T}}\boldsymbol{B}_0\boldsymbol{U}_0\boldsymbol{C}^2+\boldsymbol{V}_0^{\mathrm{T}}\boldsymbol{A}_0\boldsymbol{S}_0\boldsymbol{U}_0\boldsymbol{C}^2+\boldsymbol{V}_0^{\mathrm{T}}\boldsymbol{A}_0\boldsymbol{S}_2\boldsymbol{U}_0\\&=-\boldsymbol{V}_0^{\mathrm{T}}(\boldsymbol{A}_0\boldsymbol{S}_1+\boldsymbol{A}_1\boldsymbol{S}_0+\boldsymbol{B}_1)\boldsymbol{U}_1-\boldsymbol{V}_0^{\mathrm{T}}\boldsymbol{A}_1\boldsymbol{S}_1\boldsymbol{U}_0\end{aligned} \tag{5.26}$$

将方程(4.14)带入上式，令

$$\boldsymbol{P}^2=-\boldsymbol{V}_0^{\mathrm{T}}(\boldsymbol{A}_0\boldsymbol{S}_1+\boldsymbol{A}_1\boldsymbol{S}_0+\boldsymbol{B}_1)\boldsymbol{U}_1-\boldsymbol{V}_0^{\mathrm{T}}\boldsymbol{A}_1\boldsymbol{S}_1\boldsymbol{U}_0 \tag{5.27}$$

可得，当 $i=j$ 时

$$\boldsymbol{S}_2=\mathrm{diag}(\boldsymbol{P}_{11}^2,\boldsymbol{P}_{22},\cdots) \tag{5.28}$$

$$\boldsymbol{S}_{2i}=-\boldsymbol{v}_{0i}^{\mathrm{T}}(\boldsymbol{A}_0\boldsymbol{S}_{1i}+\boldsymbol{A}_1\boldsymbol{S}_{0i}+\boldsymbol{B}_1)\boldsymbol{u}_{1i}-\boldsymbol{v}_{0i}^{\mathrm{T}}\boldsymbol{A}_1\boldsymbol{S}_1\boldsymbol{u}_{0i} \tag{5.29}$$

当 $i\neq j$ 时，可得

$$\boldsymbol{C}_{ij}^{2}=\frac{1}{\boldsymbol{S}_{0j}-\boldsymbol{S}_{0i}}\boldsymbol{P}_{ij}^{2} \tag{5.30}$$

同理，令

$$\boldsymbol{v}_{1i}=\sum_{j=1}^{2n}\boldsymbol{D}_{ij}^{1}\boldsymbol{v}_{0j}\qquad \boldsymbol{v}_{2i}=\sum_{j=1}^{2n}\boldsymbol{D}_{ij}^{2}\boldsymbol{v}_{0j} \tag{5.31}$$

即

$$\boldsymbol{V}_1=\boldsymbol{V}_0\boldsymbol{D}^1\qquad \boldsymbol{V}_2=\boldsymbol{V}_0\boldsymbol{D}^2 \tag{5.32}$$

可得

$$\boldsymbol{R}^1=-\boldsymbol{U}_0^{\mathrm{T}}(\boldsymbol{A}_1^{\mathrm{T}}\boldsymbol{S}_0+\boldsymbol{B}_1^{\mathrm{T}})\boldsymbol{V}_0 \tag{5.33}$$

当 $i\neq j$ 时，可得

$$\boldsymbol{D}_{ij}^{1}=\frac{1}{\boldsymbol{S}_{0j}-\boldsymbol{S}_{0i}}\boldsymbol{R}_{ij}^{1} \tag{5.34}$$

和

$$\boldsymbol{R}^2=-\boldsymbol{U}_0^{\mathrm{T}}(\boldsymbol{A}_0\boldsymbol{S}_1+\boldsymbol{A}_1\boldsymbol{S}_0+\boldsymbol{B}_1)\boldsymbol{V}_1-\boldsymbol{U}_0^{\mathrm{T}}\boldsymbol{A}_1\boldsymbol{S}_1\boldsymbol{V}_0 \tag{5.35}$$

$$\boldsymbol{D}_{ij}^{2}=\frac{1}{\boldsymbol{S}_{0j}-\boldsymbol{S}_{0i}}R_{ij}^{2} \tag{5.36}$$

当 $i=j$ 时，将式(5.15)，代入式(5.12)并考虑到特征向量的正交性

$$\boldsymbol{C}^1+\boldsymbol{D}^1=-\boldsymbol{V}_0^{\mathrm{T}}\boldsymbol{A}_1\boldsymbol{U}_0 \tag{5.37}$$

令

$$\boldsymbol{C}_{ij}^{1} = \boldsymbol{D}_{ij}^{1} = -\frac{1}{2}(\boldsymbol{v}_{0i}^{\mathrm{T}} \boldsymbol{A}_{1} \boldsymbol{u}_{0i}) \tag{5.38}$$

对于$\boldsymbol{C}_{ij}^{2}$和$\boldsymbol{D}_{ij}^{2}$,同理可得

$$\boldsymbol{C}^{2} = \boldsymbol{D}^{2} = -\frac{1}{2}(\boldsymbol{V}_{0}^{\mathrm{T}} \boldsymbol{A}_{1} \boldsymbol{U}_{1} + \boldsymbol{V}_{1}^{\mathrm{T}} \boldsymbol{A}_{0} \boldsymbol{U}_{1} + \boldsymbol{V}_{1}^{\mathrm{T}} \boldsymbol{A}_{1} \boldsymbol{U}_{0}) \tag{5.39}$$

由此,可以得到复特征值和右特征向量的一阶、二阶摄动量。下面,以右特征向量为例,对多参数结构复模态特征向量的灵敏度问题进行研究。左特征向量的求法也可依此进行,这里省略不表。

设结构具有 L 个参数 $\alpha=(\alpha^{(1)},\alpha^{(2)},\cdots,\alpha^{(L)})^{\mathrm{T}}$ 根据第三章式(3.1)的函数一阶 Taylor 展开法,$\boldsymbol{C}(\alpha)$可以表示为

$$\boldsymbol{C}(\alpha_{0} + \Delta\alpha) = \boldsymbol{C}(\alpha_{0}) + \sum_{j=1}^{L} \frac{\partial \boldsymbol{C}}{\partial \alpha}\Delta\alpha \tag{5.40}$$

记$\dfrac{\partial \boldsymbol{C}(\alpha)}{\partial \alpha}=\boldsymbol{C}_{,\alpha}$

那么,阻尼阵的一阶增量可以表示为

$$\boldsymbol{C}_{1} = \sum_{t=1}^{L} \boldsymbol{C}_{,t}\Delta\alpha^{(t)} \tag{5.41}$$

状态空间矩阵 $\boldsymbol{A}$、$\boldsymbol{B}$ 的一阶增量可以表示为

$$\begin{gathered}
\boldsymbol{A}_{1} = \begin{bmatrix} 0 & \boldsymbol{M}_{1} \\ \boldsymbol{M}_{1} & \boldsymbol{C}_{1} \end{bmatrix} = \begin{bmatrix} 0 & \sum\limits_{t=1}^{L} \boldsymbol{M}_{,t}\Delta\alpha^{(t)} \\ \sum\limits_{t=1}^{L} \boldsymbol{M}_{,t}\Delta\alpha^{(t)} & \sum\limits_{t=1}^{L} \boldsymbol{C}_{,t}\Delta\alpha^{(t)} \end{bmatrix} \\
\boldsymbol{B}_{1} = \begin{bmatrix} -\boldsymbol{M}_{1} & 0 \\ 0 & \boldsymbol{K}_{1} \end{bmatrix} = \begin{bmatrix} -\sum\limits_{t=1}^{L} \boldsymbol{M}_{,t}\Delta\alpha^{(t)} & 0 \\ 0 & \sum\limits_{t=1}^{L} \boldsymbol{K}_{,t}\Delta\alpha^{(t)} \end{bmatrix}
\end{gathered} \tag{5.42}$$

5.3 复模态一阶摄动灵敏度

5.3.1 复特征值一阶摄动灵敏度

将式(5.42)代入式(5.23)可得

$$
\begin{aligned}
\boldsymbol{S}_{1i} &= -\boldsymbol{v}_{0i}^{\mathrm{T}}(\boldsymbol{A}_1\boldsymbol{S}_{0i}+\boldsymbol{B}_1)\boldsymbol{u}_{0i}\\
&= -\boldsymbol{v}_{0i}^{\mathrm{T}}\left(\begin{bmatrix} 0 & \sum\limits_{t=1}^{L}\boldsymbol{M}_{,t}\Delta\alpha^{(t)} \\ \sum\limits_{t=1}^{L}\boldsymbol{M}_{,t}\Delta\alpha^{(t)} & \sum\limits_{t=1}^{L}\boldsymbol{C}_{,t}\Delta\alpha^{(t)}\end{bmatrix}\boldsymbol{S}_{oi} + \begin{bmatrix} -\sum\limits_{t=1}^{L}\boldsymbol{M}_{,t}\Delta\alpha^{(t)} & 0 \\ 0 & \sum\limits_{t=1}^{L}\boldsymbol{K}_{,t}\Delta\alpha^{(t)}\end{bmatrix}\right)\boldsymbol{u}_{0i}
\end{aligned}
\tag{5.43}
$$

将式(3.7)、(4.7)代入上式可得

$$
\begin{aligned}
\boldsymbol{S}_{1i} &= -\sum_{t=1}^{L}\boldsymbol{y}_{0i}^{\mathrm{T}}(S_{0i}^2\boldsymbol{M}_{,t}+\boldsymbol{S}_{0i}\boldsymbol{C}_{,t}+\boldsymbol{K}_{,t})\boldsymbol{x}_{0i}\Delta\alpha^{(t)}\\
&= -[\boldsymbol{y}_{0i}^{\mathrm{T}}(S_{0i}^2\boldsymbol{M}_{,1}+\boldsymbol{S}_{0i}\boldsymbol{C}_{,1}+\boldsymbol{K}_{,1})\boldsymbol{x}_{0i} \quad \cdots \quad \boldsymbol{y}_{0i}^{\mathrm{T}}(S_{0i}^2\boldsymbol{M}_{,L}+\boldsymbol{S}_{0i}\boldsymbol{C}_{,L}+\boldsymbol{K}_{,L})\boldsymbol{x}_{0i}]\Delta\alpha
\end{aligned}
\tag{5.44}
$$

特征值$\boldsymbol{S}_i$ 对参数 $\alpha^{(t)}$ 的一阶摄动灵敏度为

$$
-\boldsymbol{y}_{0i}^{\mathrm{T}}(S_{0i}^2\boldsymbol{M}_{,t}+\boldsymbol{S}_{0i}\boldsymbol{C}_{,t}+\boldsymbol{K}_{t,t})\boldsymbol{x}_{0i} = S_{1i}^{(t)} \tag{5.45}
$$

那么,多参数结构复特征值一阶摄动量可以写为

$$
\boldsymbol{S}_{1i} = \widetilde{\boldsymbol{G}}_s^{\mathrm{T}}\Delta\alpha \tag{5.46}
$$

其中,特征值一阶增量矩阵

$$
\widetilde{\boldsymbol{G}}_s^{\mathrm{T}} = [S_1^{(1)} \quad S_1^{(2)} \quad \cdots] \tag{5.47}
$$

5.3.2　复特征向量一阶摄动灵敏度

将(5.24)、(5.38)和(5.42)代入式(5.15)可得

$$
\begin{aligned}
\boldsymbol{u}_{1i} &= \sum_{\substack{j=1\\ i\neq j}}^{2n} C_{ij}^1\boldsymbol{u}_{0j} + C_{ii}^1\boldsymbol{u}_{0i}\\
&= \sum_{j=1}^{2n}\left[\frac{1}{S_{0j}-S_{0i}}\boldsymbol{v}_{0j}^{\mathrm{T}}(\boldsymbol{B}_1+S_{0i}\boldsymbol{A}_1)\boldsymbol{u}_{0i}\right]\boldsymbol{u}_{0j} - \frac{1}{2}(\boldsymbol{v}_{0i}^{\mathrm{T}}\boldsymbol{A}_1\boldsymbol{u}_{0i})\boldsymbol{u}_{0i}\\
&= \frac{1}{S_{01}-S_{0i}}\boldsymbol{v}_{01}^{\mathrm{T}}(\boldsymbol{B}_1+S_{0i}\boldsymbol{A}_1)\boldsymbol{u}_{0i}\boldsymbol{u}_{01}+\cdots+\\
&\quad \frac{1}{S_{02N}-S_{0i}}\boldsymbol{v}_{02n}^{\mathrm{T}}(\boldsymbol{B}_1+S_{0i}\boldsymbol{A}_1)\boldsymbol{u}_{0i}\boldsymbol{u}_{02n} - \frac{1}{2}(\boldsymbol{v}_{0i}^{\mathrm{T}}\boldsymbol{A}_1\boldsymbol{u}_{0i})\boldsymbol{u}_{0i}
\end{aligned}
\tag{5.48}
$$

进一步整理可得

$$\boldsymbol{u}_{1i}=\frac{1}{S_{01}-S_{0i}}\begin{pmatrix}S_{01}\ \boldsymbol{y}_{01}\\ \boldsymbol{y}_{01}\end{pmatrix}^{\mathrm{T}}\left(\begin{bmatrix}-\boldsymbol{M}_1 & 0\\ 0 & \boldsymbol{K}_1\end{bmatrix}+S_{0i}\begin{bmatrix}0 & \boldsymbol{M}_1\\ \boldsymbol{M}_1 & \boldsymbol{C}_1\end{bmatrix}\right)\begin{pmatrix}S_{0i}\ \boldsymbol{x}_{0i}\\ \boldsymbol{x}_{0i}\end{pmatrix}\boldsymbol{u}_{01}+\cdots+$$
$$\frac{1}{S_{02N}-S_{0i}}\begin{pmatrix}S_{02n}\ \boldsymbol{y}_{02n}\\ \boldsymbol{y}_{02n}\end{pmatrix}^{\mathrm{T}}\left(\begin{bmatrix}-\boldsymbol{M}_1 & 0\\ 0 & \boldsymbol{K}_1\end{bmatrix}+S_{0i}\begin{bmatrix}0 & \boldsymbol{M}_1\\ \boldsymbol{M}_1 & C_1\end{bmatrix}\right)\begin{pmatrix}\boldsymbol{S}_{0i}\ \boldsymbol{x}_{0i}\\ \boldsymbol{x}_{0i}\end{pmatrix}\boldsymbol{u}_{02n}-$$
$$\frac{1}{2}\begin{pmatrix}\boldsymbol{S}_{02n}\ \boldsymbol{y}_{02n}\\ \boldsymbol{y}_{02n}\end{pmatrix}^{\mathrm{T}}\begin{bmatrix}0 & \boldsymbol{M}_1\\ \boldsymbol{M}_1 & \boldsymbol{C}_1\end{bmatrix}\begin{pmatrix}S_{0i}\ \boldsymbol{x}_{0i}\\ \boldsymbol{x}_{0i}\end{pmatrix}\boldsymbol{u}_{0i} \tag{5.49}$$

把上式改写成矩阵形式

$$\boldsymbol{u}_{1i}=\boldsymbol{U}_0\begin{bmatrix}\dfrac{1}{S_{01}-S_{0i}}\boldsymbol{y}_{01}^{\mathrm{T}}(S_{0i}^2\boldsymbol{M}_1+S_{0i}\boldsymbol{C}_1+\boldsymbol{K}_1)\boldsymbol{x}_{0i}\\ \vdots\\ \dfrac{1}{2}\boldsymbol{y}_{0i}^{\mathrm{T}}(2S_{0i}\boldsymbol{M}_1+\boldsymbol{C}_1)\boldsymbol{x}_{0i}\\ \dfrac{1}{S_{0j}-S_{0i}}\boldsymbol{y}_{0j}^{\mathrm{T}}(S_{0i}^2\boldsymbol{M}_1+\boldsymbol{S}_{0i}\boldsymbol{C}_1+\boldsymbol{K}_1)\boldsymbol{x}_{0i}\\ \vdots\\ \dfrac{1}{S_{02n}-S_{0i}}\boldsymbol{y}_{02n}^{\mathrm{T}}(S_{0i}^2\boldsymbol{M}_1+S_{0i}\boldsymbol{C}_1+\boldsymbol{K}_1)\boldsymbol{x}_{0i}\end{bmatrix} \tag{5.50}$$

将式(3.7)和式(5.41)代入式(5.50)

$$\boldsymbol{u}_{1i}=\boldsymbol{U}_0\begin{bmatrix}\dfrac{1}{S_{01}-S_{0i}}\boldsymbol{y}_{01}^{\mathrm{T}}(S_{0i}^2\boldsymbol{M}_{,1}+S_{0i}\boldsymbol{C}_{,1}+\boldsymbol{K}_{,1})\boldsymbol{x}_{0i}, & \cdots, & \dfrac{1}{S_{01}-S_{0i}}\boldsymbol{y}_{01}^{\mathrm{T}}(S_{0i}^2\boldsymbol{M}_{,L}+S_{0i}\boldsymbol{C}_{,L}+\boldsymbol{K}_{,L})\boldsymbol{x}_{0i}\\ \vdots & \vdots & \vdots\\ -\dfrac{1}{2}\boldsymbol{y}_{0i}^{\mathrm{T}}(2S_{0i}\boldsymbol{M}_{,1}+\boldsymbol{C}_{,1})\boldsymbol{x}_{0i}, & \cdots & -\dfrac{1}{2}\boldsymbol{y}_{0i}^{\mathrm{T}}(2S_{0i}\boldsymbol{M}_{,L}+\boldsymbol{C}_{,L})\boldsymbol{x}_{0i}\\ \dfrac{1}{S_{0j}-S_{0i}}\boldsymbol{y}_{0j}^{\mathrm{T}}(S_{0i}^2\boldsymbol{M}_{,1}+S_{0i}\boldsymbol{C}_{,1}+\boldsymbol{K}_{,1})\boldsymbol{x}_{0i}, & \cdots, & \dfrac{1}{S_{0j}-S_{0i}}\boldsymbol{y}_{0j}^{\mathrm{T}}(S_{0i}^2\boldsymbol{M}_{,L}+S_{0i}\boldsymbol{C}_{,L}+\boldsymbol{K}_{,L})\boldsymbol{x}_{0i}\\ \vdots & \vdots & \vdots\\ \dfrac{1}{S_{02n}-S_{0i}}\boldsymbol{y}_{02n}^{\mathrm{T}}(S_{0i}^2\boldsymbol{M}_{,1}+S_{0i}\boldsymbol{C}_{,1}+\boldsymbol{K}_{,1})\boldsymbol{x}_{0i}, & \cdots, & \dfrac{1}{S_{02n}-S_{0i}}\boldsymbol{y}_{02n}^{\mathrm{T}}(S_{0i}^2\boldsymbol{M}_{,L}+S_{0i}\boldsymbol{C}_{,L}+\boldsymbol{K}_{,L})\boldsymbol{x}_{0i}\end{bmatrix}\Delta\alpha \tag{5.51}$$

可以得到右特征向量对参数 $\alpha^{(t)}$ 的一阶摄动灵敏度$\boldsymbol{u}_{ij}^{(t)}$

$$
\boldsymbol{u}_{1i}^{(t)}=\boldsymbol{U}_0\begin{bmatrix}\dfrac{1}{S_{01}-S_{0i}}\boldsymbol{y}_{01}^{\mathrm{T}}(S_{0i}^2\boldsymbol{M}_{,t}+S_{0i}\boldsymbol{C}_{,t}+\boldsymbol{K}_{,t})\boldsymbol{x}_{0i}\\ \vdots\\ -\dfrac{1}{2}\boldsymbol{y}_{0i}^{\mathrm{T}}(2S_{0i}\boldsymbol{M}_{,t}+\boldsymbol{C}_{,t})\boldsymbol{x}_{0i}\\ \dfrac{1}{S_{0j}-S_{0i}}\boldsymbol{y}_{0j}^{\mathrm{T}}(S_{0i}^2\boldsymbol{M}_{,t}+S_{0i}\boldsymbol{C}_{,t}+\boldsymbol{K}_{,t})\boldsymbol{x}_{0i}\\ \vdots\\ \dfrac{1}{S_{02n}-S_{0i}}\boldsymbol{y}_{02n}^{\mathrm{T}}(S_{0i}^2\boldsymbol{M}_{,t}+S_{0i}\boldsymbol{C}_{,t}+\boldsymbol{K}_{,t})\boldsymbol{x}_{0i}\end{bmatrix} \tag{5.52}
$$

第 i 阶右特征向量的一阶摄动量可以表示为

$$
\boldsymbol{u}_{1i}=\widetilde{\boldsymbol{G}}_{\boldsymbol{u}_i}\Delta\alpha \tag{5.53}
$$

其中特征向量的一阶增量矩阵

$$
\widetilde{\boldsymbol{G}}_{\boldsymbol{u}_i}=(\boldsymbol{u}_{1i}^{(1)},\boldsymbol{u}_{1i}^{(2)},\cdots,\boldsymbol{u}_{1i}^{(L)}) \tag{5.54}
$$

对于 u_{1i}的第 k 行分量，有

$$
\boldsymbol{u}_{1ik}=\widetilde{\boldsymbol{G}}_{\boldsymbol{u}_{ik}}^{\mathrm{T}}\Delta\alpha \tag{5.55}
$$

其中，$\widetilde{\boldsymbol{G}}_{\boldsymbol{u}_{ik}}$ 是$\widetilde{\boldsymbol{G}}_{\boldsymbol{u}_i}$ 的第 k 行分量。

同理可得左特征向量的一阶摄动量

$$
\boldsymbol{v}_{1i}=\widetilde{\boldsymbol{G}}_{v_i}\Delta\alpha \tag{5.56}
$$

和相对于第 k 行分量的一阶摄动量

$$
\boldsymbol{v}_{1ik}=\widetilde{\boldsymbol{G}}_{v_{ik}}^{\mathrm{T}}\Delta\alpha \tag{5.57}
$$

5.4　复模态二阶摄动灵敏度

5.4.1　复特征值二阶摄动灵敏度

将式(5.42)代入式(5.29)可得

$$
\begin{aligned}
S_{2i}&=-\boldsymbol{v}_{0i}^{\mathrm{T}}(\boldsymbol{A}_0S_{1i}+\boldsymbol{A}_1S_{0i}+\boldsymbol{B}_1)\boldsymbol{u}_{1i}-\boldsymbol{v}_{0i}^{\mathrm{T}}\boldsymbol{A}_1S_{1i}\boldsymbol{u}_{0i}\\
&=-\boldsymbol{v}_{0i}^{\mathrm{T}}\left[\begin{bmatrix}0&\boldsymbol{M}_0\\ \boldsymbol{M}_0&\boldsymbol{C}_0\end{bmatrix}S_{1i}+\begin{bmatrix}0&\boldsymbol{M}_1\\ \boldsymbol{M}_1&\boldsymbol{C}_1\end{bmatrix}S_{0i}+\begin{bmatrix}-\boldsymbol{M}_1&0\\ 0&\boldsymbol{K}_1\end{bmatrix}\right]\boldsymbol{u}_{1i}-\boldsymbol{v}_{0i}^{\mathrm{T}}\begin{bmatrix}0&\boldsymbol{M}_1\\ \boldsymbol{M}_1&\boldsymbol{C}_1\end{bmatrix}\boldsymbol{u}_{0i}S_{1i}
\end{aligned} \tag{5.58}
$$

将式(4.7)、(5.54)代入式(5.58)的第一项，可得

$$
\begin{aligned}
&-\begin{pmatrix} S_{0i}\,\boldsymbol{y}_{0i} \\ \boldsymbol{y}_{0i} \end{pmatrix}^{\mathrm{T}}\left[\begin{bmatrix} 0 & \boldsymbol{M}_0 \\ \boldsymbol{M}_0 & \boldsymbol{C}_0 \end{bmatrix} S_{1i}+\begin{bmatrix} 0 & \boldsymbol{M}_1 \\ \boldsymbol{M}_1 & \boldsymbol{C}_1 \end{bmatrix} S_{0i}+\begin{bmatrix} -\boldsymbol{M}_1 & 0 \\ 0 & \boldsymbol{K}_1 \end{bmatrix}\right]\boldsymbol{u}_{1i} \\
&=-\begin{pmatrix} S_{0i}\,\boldsymbol{y}_{0i} \\ \boldsymbol{y}_{0i} \end{pmatrix}^{\mathrm{T}}\left[\boldsymbol{S}_{1i}^{(1)}\begin{bmatrix} 0 & \boldsymbol{M}_0 \\ \boldsymbol{M}_0 & \boldsymbol{C}_0 \end{bmatrix}+S_{0i}\begin{bmatrix} 0 & \boldsymbol{M}_{,1} \\ \boldsymbol{M}_{,1} & \boldsymbol{C}_{,1} \end{bmatrix}+\begin{bmatrix} -\boldsymbol{M}_{,1} & 0 \\ 0 & \boldsymbol{K}_{,1} \end{bmatrix}\Delta\alpha^{(1)}+\cdots+\right. \\
&\left.S_{1i}^{(L)}\begin{bmatrix} 0 & \boldsymbol{M}_0 \\ \boldsymbol{M}_0 & \boldsymbol{C}_0 \end{bmatrix}+S_{0i}\begin{bmatrix} 0 & \boldsymbol{M}_{,L} \\ \boldsymbol{M}_{,L} & \boldsymbol{C}_{,L} \end{bmatrix}+\begin{bmatrix} -\boldsymbol{M}_{,L} & 0 \\ 0 & \boldsymbol{K}_{,L} \end{bmatrix}\Delta\alpha^{(L)}\right]\boldsymbol{u}_{1i}\Bigg) \\
&=-\Delta\alpha^{\mathrm{T}}\begin{bmatrix} \begin{pmatrix} S_{0i}\,\boldsymbol{y}_{0i} \\ \boldsymbol{y}_{0i} \end{pmatrix}^{\mathrm{T}}\left(S_{1i}^{(1)}\begin{bmatrix} 0 & \boldsymbol{M}_0 \\ \boldsymbol{M}_0 & \boldsymbol{C}_0 \end{bmatrix}+S_{0i}\begin{bmatrix} 0 & \boldsymbol{M}_1 \\ \boldsymbol{M}_1 & \boldsymbol{C}_1 \end{bmatrix}+\begin{bmatrix} -\boldsymbol{M}_1 & 0 \\ 0 & \boldsymbol{K}_1 \end{bmatrix}\right)\boldsymbol{u}_{1i} \\ \vdots \\ \begin{pmatrix} S_{0}\,\boldsymbol{y}_{0i} \\ \boldsymbol{y}_{0i} \end{pmatrix}^{\mathrm{T}}\left(S_{1i}^{(L)}\begin{bmatrix} 0 & \boldsymbol{M}_0 \\ \boldsymbol{M}_0 & \boldsymbol{C}_0 \end{bmatrix}+S_{0i}\begin{bmatrix} 0 & \boldsymbol{M}_{,L} \\ \boldsymbol{M}_{,L} & \boldsymbol{C}_{,L} \end{bmatrix}+\begin{bmatrix} -\boldsymbol{M}_{,L} & 0 \\ 0 & \boldsymbol{K}_{,L} \end{bmatrix}\right)\boldsymbol{u}_{1i} \end{bmatrix} \\
&=-\Delta\alpha^{\mathrm{T}}\begin{bmatrix} \boldsymbol{y}_{0i}^{\mathrm{T}}(S_{1i}^{(1)}\boldsymbol{M}_0,S_{0i}^{2}\boldsymbol{M}_{,1}+S_{1i}^{(1)}S_{0i}\boldsymbol{M}_0+S_{1i}^{(1)}\boldsymbol{C}_0+S_{0i}\boldsymbol{C}_{,1}+\boldsymbol{K}_{,1})\widetilde{\boldsymbol{G}}_{\boldsymbol{u}_i}\Delta\alpha \\ \vdots \\ \boldsymbol{y}_{0i}^{\mathrm{T}}(S_{1i}^{(L)}\boldsymbol{M}_0,S_{0i}^{2}\boldsymbol{M}_{,L}+S_{1i}^{(L)}S_{0i}\boldsymbol{M}_0+S_{1i}^{(L)}\boldsymbol{C}_0+S_{0i}\boldsymbol{C}_{,L}+\boldsymbol{K}_{,L})\widetilde{\boldsymbol{G}}_{\boldsymbol{u}_i}\Delta\alpha \end{bmatrix} \\
&=\Delta\alpha^{\mathrm{T}}\begin{bmatrix} \boldsymbol{D}_{s_1}^{(1)}\boldsymbol{u}_{1i}^{(1)} & \cdots & \boldsymbol{D}_{s_1}^{(1)}\boldsymbol{u}_{1i}^{(L)} \\ \vdots & & \vdots \\ \boldsymbol{D}_{s_1}^{(L)}\boldsymbol{u}_{1i}^{(1)} & \cdots & \boldsymbol{D}_{s_1}^{(L)}\boldsymbol{u}_{1i}^{(L)} \end{bmatrix}\Delta\alpha
\end{aligned}
\tag{5.59}
$$

其中，

$$
\boldsymbol{D}_{s_1}^{(t)}=-\boldsymbol{y}_{0i}^{\mathrm{T}}(S_{1i}^{(t)}\boldsymbol{M}_0,\boldsymbol{S}_{0i}(S_{1i}^{(t)}\boldsymbol{M}_0+S_{0i}\boldsymbol{M}_{,t})+S_{1i}^{(t)}\boldsymbol{C}_0+S_{0i}\boldsymbol{C}_{,t}+\boldsymbol{K}_{,t})
\tag{5.60}
$$

式(4.7)、(5.46)代入式(5.58)的第二项，可得

$$
\begin{aligned}
&-\begin{pmatrix} \boldsymbol{S}_{0}\,\boldsymbol{y}_{0i} \\ \boldsymbol{y}_{0i} \end{pmatrix}^{\mathrm{T}}\begin{bmatrix} 0 & \boldsymbol{M}_1 \\ \boldsymbol{M}_1 & \boldsymbol{C}_1 \end{bmatrix} S_{1i}\begin{pmatrix} \boldsymbol{S}_{0i}\,\boldsymbol{x}_{0i} \\ \boldsymbol{x}_{0i} \end{pmatrix} \\
&=-\begin{pmatrix} \boldsymbol{S}_{0i}\,\boldsymbol{y}_{0i} \\ \boldsymbol{y}_{0i} \end{pmatrix}^{\mathrm{T}}\begin{bmatrix} 0 & \boldsymbol{M}_1 \\ \boldsymbol{M}_1 & \boldsymbol{C}_1 \end{bmatrix}\begin{pmatrix} \boldsymbol{S}_{0i}\,\boldsymbol{x}_{0i} \\ \boldsymbol{x}_{0i} \end{pmatrix} S_{1i} \\
&=-(2\,\boldsymbol{S}_{0i}\,\boldsymbol{y}_{0i}^{\mathrm{T}}\boldsymbol{M}_1\,\boldsymbol{x}_{0i}+\boldsymbol{y}_{0i}^{\mathrm{T}}\boldsymbol{C}_1\,\boldsymbol{x}_{0i})\,\widetilde{\boldsymbol{G}}_s^{\mathrm{T}}\Delta\alpha \\
&=-\Delta\alpha^{\mathrm{T}}\begin{bmatrix} (2\,\boldsymbol{S}_{0i}\,\boldsymbol{y}_{0i}^{\mathrm{T}}\boldsymbol{M}_1\,\boldsymbol{x}_{0i}+\boldsymbol{y}_{0i}^{\mathrm{T}}\boldsymbol{C}_1\,\boldsymbol{x}_{0i})S_{1i}^{(1)} \\ \vdots \\ (2\,\boldsymbol{S}_{0i}\,\boldsymbol{y}_{0i}^{\mathrm{T}}\boldsymbol{M}_1\,\boldsymbol{x}_{0i}+\boldsymbol{y}_{0i}^{\mathrm{T}}\boldsymbol{C}_1\,\boldsymbol{x}_{0i})S_{1i}^{(L)} \end{bmatrix}
\end{aligned}
$$

$$
= -\Delta\alpha^{\mathrm{T}} \begin{bmatrix} S_{1i}^{(1)} \sum_{t=1}^{L} \boldsymbol{y}_{0i}^{\mathrm{T}} (2 S_{0i} \boldsymbol{M}_{,t} + \boldsymbol{C}_{,t}) \boldsymbol{x}_{0i} \Delta\alpha^{(t)} \\ \vdots \\ S_{1i}^{(L)} \sum_{t=1}^{L} \boldsymbol{y}_{0i}^{\mathrm{T}} (2 S_{0i} \boldsymbol{M}_{,t} + \boldsymbol{C}_{,t}) \boldsymbol{x}_{0i} \Delta\alpha^{(t)} \end{bmatrix} \tag{5.61}
$$

$$
= \Delta\alpha^{\mathrm{T}} \begin{bmatrix} \boldsymbol{D}_{s_2}^{(1)} S_{1i}^{(1)} & \cdots & \boldsymbol{D}_{s_2}^{(L)} S_{1i}^{(1)} \\ \vdots & & \vdots \\ \boldsymbol{D}_{s_2}^{(1)} S_{1i}^{(L)} & \cdots & \boldsymbol{D}_{s_2}^{(L)} S_{1i}^{(L)} \end{bmatrix} \Delta\alpha
$$

其中，

$$
\boldsymbol{D}_{s_2}^{(t)} = -\boldsymbol{y}_{0i}^{\mathrm{T}} (2 \boldsymbol{S}_{0i} \boldsymbol{M}_{,t} + \boldsymbol{C}_{,t}) \boldsymbol{x}_{0i} \tag{5.62}
$$

令

$$
\boldsymbol{h}_{s_i} = \begin{bmatrix} \boldsymbol{D}_{s_1}^{(1)} \boldsymbol{u}_{1i}^{(1)} & \cdots & \boldsymbol{D}_{s_1}^{(1)} \boldsymbol{u}_{1i}^{(L)} \\ \vdots & & \vdots \\ \boldsymbol{D}_{s_1}^{(L)} \boldsymbol{u}_{1i}^{(1)} & \cdots & \boldsymbol{D}_{s_i}^{(L)} \boldsymbol{u}_{1i}^{(L)} \end{bmatrix} + \begin{bmatrix} \boldsymbol{D}_{s_2}^{(1)} S_{1i}^{(1)} & \cdots & \boldsymbol{D}_{s_2}^{(L)} S_{1i}^{(1)} \\ \vdots & & \vdots \\ \boldsymbol{D}_{s_2}^{(1)} S_{1i}^{(L)} & \cdots & \boldsymbol{D}_{s_2}^{(L)} S_{1i}^{(L)} \end{bmatrix} \tag{5.63}
$$

设$\widetilde{\boldsymbol{H}}_{s_i}$是$\boldsymbol{h}_{s_i}$和其转置阵的和

$$
\widetilde{\boldsymbol{H}}_{s_i} = \boldsymbol{h}_{s_i} + \boldsymbol{h}_{s_i}^{\mathrm{T}} \tag{5.64}
$$

根据式(5.64)得到多参数结构复模态特征值二阶摄动量

$$
\boldsymbol{S}_{2i} = \frac{1}{2} \Delta\alpha^{\mathrm{T}} \widetilde{\boldsymbol{H}}_{si} \Delta\alpha \tag{5.65}
$$

$\widetilde{\boldsymbol{H}}_{s_i}$为复模态特征值的二阶增量矩阵。

5.4.2　复特征向量二阶摄动灵敏度

将式(5.30)、(5.42)和(5.39)代入式(5.17)

$$
\begin{aligned}
\boldsymbol{u}_{2i} = & \sum_{j=1}^{2n} \frac{1}{S_{0j} - S_{0i}} (\boldsymbol{v}_{0j}^{\mathrm{T}} (\boldsymbol{A}_0 S_{1i} + \boldsymbol{A}_1 S_{0i} + \boldsymbol{B}_1) \boldsymbol{u}_{1i} + v_{0j}^{\mathrm{T}} \boldsymbol{A}_1 S_{1i} \boldsymbol{u}_{0i}) \boldsymbol{u}_{0j} - \\
& \frac{1}{2} (\boldsymbol{v}_{0i}^{\mathrm{T}} \boldsymbol{A}_1 \boldsymbol{u}_{1i} + \boldsymbol{v}_{1i}^{\mathrm{T}} \boldsymbol{A}_0 \boldsymbol{u}_{1i} + \boldsymbol{v}_{1i}^{\mathrm{T}} \boldsymbol{A}_1 \boldsymbol{u}_{0i}) \boldsymbol{u}_{0i} \\
= & \frac{1}{S_{01} - S_{0i}} (\boldsymbol{v}_{01}^{\mathrm{T}} (\boldsymbol{A}_0 S_{1i} + \boldsymbol{A}_1 S_{0i} + \boldsymbol{B}_1) \boldsymbol{u}_{1i} + \boldsymbol{v}_{01}^{\mathrm{T}} \boldsymbol{A}_1 S_{1i} \boldsymbol{u}_{0i}) \boldsymbol{u}_{01} + \cdots - \\
& \frac{1}{2} (\boldsymbol{v}_{0i}^{\mathrm{T}} \boldsymbol{A}_1 \boldsymbol{u}_{1i} + \boldsymbol{v}_{1i}^{\mathrm{T}} \boldsymbol{A}_0 \boldsymbol{u}_{1i} + \boldsymbol{v}_{1i}^{\mathrm{T}} \boldsymbol{A}_1 \boldsymbol{u}_{0i}) \boldsymbol{u}_{0i} + \\
& \frac{1}{S_{02n} - S_{0i}} (\boldsymbol{v}_{02n}^{\mathrm{T}} (\boldsymbol{A}_0 S_{1i} + \boldsymbol{A}_1 S_{0i} + \boldsymbol{B}_1) \boldsymbol{u}_{1i} + \boldsymbol{v}_{02n}^{\mathrm{T}} \boldsymbol{A}_1 S_{1i} \boldsymbol{u}_{0i}) \boldsymbol{u}_{02n}
\end{aligned} \tag{5.66}
$$

将式(4.7)、(5.42)代入上式整理得

$$
\begin{aligned}
\boldsymbol{u}_{2i} = & \boldsymbol{U}_0 \begin{bmatrix}
\dfrac{1}{S_{01}-S_{0i}} \begin{pmatrix} S_{01}\ \boldsymbol{y}_{01} \\ \boldsymbol{y}_{01} \end{pmatrix}^{\mathrm{T}} \left(\begin{bmatrix} 0 & \boldsymbol{M}_0 \\ \boldsymbol{M}_0 & \boldsymbol{C}_0 \end{bmatrix} S_{1i} + \begin{bmatrix} 0 & \boldsymbol{M}_1 \\ \boldsymbol{M}_1 & \boldsymbol{C}_1 \end{bmatrix} S_{0i} + \begin{bmatrix} -\boldsymbol{M}_1 & 0 \\ 0 & \boldsymbol{K}_1 \end{bmatrix} \right) \boldsymbol{u}_{1i} \\
\vdots \\
0 \\
\dfrac{1}{S_{0j}-S_{0i}} \begin{pmatrix} S_{0j}\ \boldsymbol{y}_{0j} \\ \boldsymbol{y}_{0j} \end{pmatrix}^{\mathrm{T}} \left(\begin{bmatrix} 0 & \boldsymbol{M}_0 \\ \boldsymbol{M}_0 & \boldsymbol{C}_0 \end{bmatrix} S_{1i} + \begin{bmatrix} 0 & \boldsymbol{M}_1 \\ \boldsymbol{M}_1 & \boldsymbol{C}_1 \end{bmatrix} S_{0i} + \begin{bmatrix} -\boldsymbol{M}_1 & 0 \\ 0 & \boldsymbol{K}_1 \end{bmatrix} \right) \boldsymbol{u}_{1i} \\
\vdots \\
\dfrac{1}{S_{02n}-S_{0i}} \begin{pmatrix} S_{02n}\ \boldsymbol{y}_{02n} \\ \boldsymbol{y}_{02n} \end{pmatrix}^{\mathrm{T}} \left(\begin{bmatrix} 0 & \boldsymbol{M}_0 \\ \boldsymbol{M}_0 & \boldsymbol{C}_0 \end{bmatrix} S_{1i} + \begin{bmatrix} 0 & \boldsymbol{M}_1 \\ \boldsymbol{M}_1 & \boldsymbol{C}_1 \end{bmatrix} S_{0i} + \begin{bmatrix} -\boldsymbol{M}_1 & 0 \\ 0 & \boldsymbol{K}_1 \end{bmatrix} \right) \boldsymbol{u}_{1i}
\end{bmatrix} + \\
& \boldsymbol{U}_0 \begin{bmatrix}
\dfrac{1}{S_{01}-S_{0i}} \begin{pmatrix} S_{01}\ \boldsymbol{y}_{01} \\ \boldsymbol{y}_{01} \end{pmatrix}^{\mathrm{T}} \begin{bmatrix} 0 & \boldsymbol{M}_1 \\ \boldsymbol{M}_1 & \boldsymbol{C}_1 \end{bmatrix} \begin{pmatrix} S_{0i}\ \boldsymbol{y}_{0i} \\ \boldsymbol{y}_{0i} \end{pmatrix} S_{1i} \\
\vdots \\
0 \\
\dfrac{1}{S_{0j}-S_{0i}} \begin{pmatrix} S_{0j}\ \boldsymbol{y}_{0j} \\ \boldsymbol{y}_{0j} \end{pmatrix}^{\mathrm{T}} \begin{bmatrix} 0 & \boldsymbol{M}_1 \\ \boldsymbol{M}_1 & \boldsymbol{C}_1 \end{bmatrix} \begin{pmatrix} S_{0i}\ \boldsymbol{v}_{0i} \\ \boldsymbol{y}_{0i} \end{pmatrix} S_{1i} \\
\vdots \\
\dfrac{1}{S_{02n}-S_{0i}} \begin{pmatrix} S_{02n}\ \boldsymbol{y}_{02n} \\ \boldsymbol{y}_{02n} \end{pmatrix}^{\mathrm{T}} \begin{bmatrix} 0 & \boldsymbol{M}_1 \\ \boldsymbol{M}_1 & \boldsymbol{C}_1 \end{bmatrix} \begin{pmatrix} S_{0i}\ \boldsymbol{y}_{0i} \\ \boldsymbol{y}_{0i} \end{pmatrix} S_{1i}
\end{bmatrix} - \\
& \frac{1}{2} \boldsymbol{U}_0 \begin{bmatrix}
0 \\
\vdots \\
\left(\begin{pmatrix} S_{0j}\ \boldsymbol{y}_{0j} \\ \boldsymbol{y}_{0j} \end{pmatrix}^{\mathrm{T}} \begin{bmatrix} 0 & \boldsymbol{M}_1 \\ \boldsymbol{M}_1 & \boldsymbol{C}_1 \end{bmatrix} \boldsymbol{u}_{1i} + \boldsymbol{v}_{1i}^{\mathrm{T}} \boldsymbol{A}_0\, \boldsymbol{u}_{1i} + \boldsymbol{v}_{1i}^{\mathrm{T}} \begin{bmatrix} 0 & \boldsymbol{M}_1 \\ \boldsymbol{M}_1 & \boldsymbol{C}_1 \end{bmatrix} \begin{pmatrix} S_{0i}\ \boldsymbol{y}_{0i} \\ \boldsymbol{y}_{0i} \end{pmatrix} \right) \boldsymbol{u}_{0i} \\
0 \\
\vdots
\end{bmatrix}
\end{aligned}
\tag{5.67}
$$

对于式(5.67)第一项

$$
\boldsymbol{U}_0\begin{bmatrix}\dfrac{1}{S_{01}-S_{0i}}\begin{pmatrix}S_{01}\,\boldsymbol{y}_{01}\\ \boldsymbol{y}_{01}\end{pmatrix}^{\mathrm{T}}\begin{bmatrix}-\boldsymbol{M}_1 & \boldsymbol{M}_0 S_{1i}+\boldsymbol{M}_1 S_{0i}\\ \boldsymbol{M}_0 S_{1i}+\boldsymbol{M}_1 S_{0i} & \boldsymbol{C}_0 S_{1i}+\boldsymbol{C}_1 S_{0i}+\boldsymbol{K}_1\end{bmatrix}\boldsymbol{u}_{1i}\\ \vdots\\ 0\\ \vdots\\ \dfrac{1}{S_{02n}-S_{0i}}\begin{pmatrix}S_{02n}\,\boldsymbol{y}_{02n}\\ \boldsymbol{y}_{02n}\end{pmatrix}^{\mathrm{T}}\begin{bmatrix}-\boldsymbol{M}_1 & \boldsymbol{M}_0 S_{1i}+\boldsymbol{M}_1 S_{0i}\\ \boldsymbol{M}_0 S_{1i}+\boldsymbol{M}_1 S_{0i} & \boldsymbol{C}_0 S_{1i}+\boldsymbol{C}_1 S_{0i}+\boldsymbol{K}_1\end{bmatrix}\boldsymbol{u}_{1i}\end{bmatrix}
$$

$$
=\boldsymbol{U}_0\begin{bmatrix}\dfrac{1}{S_{01}-S_{0i}}\boldsymbol{y}_{01}^{\mathrm{T}}(\boldsymbol{M}_1(S_{0i}-S_{01})+\boldsymbol{M}_0 S_{1i},S_{1i}(S_{01}\boldsymbol{M}_0+\boldsymbol{C}_0)+S_{0i}(S_{01}\boldsymbol{M}_1+\boldsymbol{C}_1)+\boldsymbol{K}_1))\boldsymbol{u}_{1i}\\ \vdots\\ 0\\ \vdots\\ \dfrac{1}{S_{02n}-S_{0i}}\boldsymbol{y}_{02n}^{\mathrm{T}}(\boldsymbol{M}_1(S_{0i}-S_{02n})+\boldsymbol{M}_0 S_{1i},S_{1i}(S_{02n}\boldsymbol{M}_0+\boldsymbol{C}_0)+S_{0i}(S_{02n}\boldsymbol{M}_1+\boldsymbol{C}_1)+\boldsymbol{K}_1))\boldsymbol{u}_{1i}\end{bmatrix}
$$

$$
=\boldsymbol{U}_0\begin{bmatrix}\dfrac{1}{S_{01}-S_{0i}}\Delta\alpha^{\mathrm{T}}\begin{bmatrix}D_{\boldsymbol{u}_1 1}^{(1)}\boldsymbol{u}_{1i}^{(1)} & \cdots & D_{\boldsymbol{u}_1 1}^{(1)}\boldsymbol{u}_{1i}^{(L)}\\ \vdots & & \vdots\\ D_{\boldsymbol{u}_1 1}^{(t)}\boldsymbol{u}_{1i}^{(1)} & \cdots, & D_{\boldsymbol{u}_1 1}^{(t)}\boldsymbol{u}_{1i}^{(t)}\\ \vdots & & \vdots\\ D_{\boldsymbol{u}_1 1}^{(L)}\boldsymbol{u}_{1i}^{(1)} & \cdots & ,D_{\boldsymbol{u}_1 1}^{(L)}\boldsymbol{u}_{1i}^{(L)}\end{bmatrix}\Delta\alpha\\ \vdots\\ 0\\ \vdots\\ \dfrac{1}{S_{02n}-S_{0i}}\Delta\alpha^{\mathrm{T}}\begin{bmatrix}D_{\boldsymbol{u}_1 2n}^{(1)}\boldsymbol{u}_{1i}^{(1)} & \cdots & D_{\boldsymbol{u}_1 2n}^{(1)}\boldsymbol{u}_{1i}^{(L)}\\ \vdots & & \vdots\\ D_{\boldsymbol{u}_1 2n}^{(t)}\boldsymbol{u}_{1i}^{(1)} & \cdots & D_{\boldsymbol{u}_1 2n}^{(t)}\boldsymbol{u}_{1i}^{(L)}\\ \vdots & & \vdots\\ D_{\boldsymbol{u}_1 2n}^{(L)}\boldsymbol{u}_{1i}^{(1)} & \cdots & D_{\boldsymbol{u}_1 2n}^{(L)}\boldsymbol{u}_{1i}^{(L)}\end{bmatrix}\Delta\alpha\end{bmatrix} \tag{5.68}
$$

其中，

$$
D_{\boldsymbol{u}_1,j}^{(t)}=\boldsymbol{y}_{0j}^{\mathrm{T}}(\boldsymbol{M}_{,t}(S_{0i}-S_{0j})+\boldsymbol{M}_0 S_{1i}^{(t)},S_{1i}^{(t)}(S_{0j}\boldsymbol{M}_0+\boldsymbol{C}_0)+S_{0i}(S_{0j}\boldsymbol{M}_{,t}+\boldsymbol{C}_{,t})+\boldsymbol{K}_{,t}) \tag{5.69}
$$

对于式(5.67)第二项

$$
\begin{aligned}
&\boldsymbol{U}_0\begin{bmatrix}
\dfrac{1}{S_{01}-S_{0i}}\begin{pmatrix} S_{01}\,\boldsymbol{y}_{01} \\ \boldsymbol{y}_{01}\end{pmatrix}^{\mathrm{T}}\boldsymbol{A}_1\begin{pmatrix} S_{0i}\,\boldsymbol{y}_{0i} \\ y_{0i}\end{pmatrix}S_{1i} \\
\vdots \\
0 \\
\vdots \\
\dfrac{1}{S_{02n}-S_{0i}}\begin{pmatrix} S_{02n}\,\boldsymbol{y}_{02n} \\ \boldsymbol{y}_{02n}\end{pmatrix}^{\mathrm{T}}\boldsymbol{A}_1\begin{pmatrix} S_{0i}\,\boldsymbol{y}_{0i} \\ \boldsymbol{y}_{0i}\end{pmatrix}S_{1i}
\end{bmatrix} \\
&=\boldsymbol{U}_0\begin{bmatrix}
\dfrac{1}{S_{01}-S_{0i}}\Delta\alpha^{\mathrm{T}}\begin{bmatrix}
\boldsymbol{y}_{01}^{\mathrm{T}}((S_{0i}+S_{01})\boldsymbol{M}_1+\boldsymbol{C}_1)\boldsymbol{x}_{0i}S_{1i}^{(1)} \\
\vdots \\
\boldsymbol{y}_{01}^{\mathrm{T}}((S_{0i}+S_{01})\boldsymbol{M}_1+\boldsymbol{C}_1)\boldsymbol{x}_{0i}S_{1i}^{(L)}
\end{bmatrix} \\
\vdots \\
\dfrac{1}{S_{02n}-S_{0i}}\Delta\alpha^{\mathrm{T}}\begin{bmatrix}
\boldsymbol{y}_{02n}^{\mathrm{T}}((S_{0i}+S_{02n})\boldsymbol{M}_1+\boldsymbol{C}_1)\boldsymbol{x}_{0i}S_{1i}^{(1)} \\
\vdots \\
\boldsymbol{y}_{02n}^{\mathrm{T}}((S_{0i}+S_{02n})\boldsymbol{M}_1+\boldsymbol{C}_1)\boldsymbol{x}_{0i}S_{1i}^{(L)}
\end{bmatrix}
\end{bmatrix} \\
&=\boldsymbol{U}_0\begin{bmatrix}
\dfrac{1}{S_{01}-S_{0i}}\Delta\alpha^{\mathrm{T}}\begin{bmatrix}
\boldsymbol{y}_{01}^{\mathrm{T}}((S_{0i}+S_{01})\boldsymbol{M}_{,1}+\boldsymbol{C}_{,1})\boldsymbol{x}_{0i}S_{1i}^{(1)},\cdots, \\
\boldsymbol{y}_{01}^{\mathrm{T}}((S_{0i}+S_{01})\boldsymbol{M}_{,L}+\boldsymbol{C}_{,L})\boldsymbol{x}_{0i}S_{1i}^{(1)} \\
\vdots \qquad \vdots \qquad \vdots \\
\boldsymbol{y}_{01}^{\mathrm{T}}((S_{0i}+S_{01})\boldsymbol{M}_{,1}+\boldsymbol{C}_{,1})\boldsymbol{x}_{0i}S_{1i}^{(L)}\cdots, \\
\boldsymbol{y}_{01}^{\mathrm{T}}((S_{0i}+S_{01})\boldsymbol{M}_{,L}+\boldsymbol{C}_{,L})\boldsymbol{x}_{0i}S_{1i}^{(L)}
\end{bmatrix}\Delta\alpha \\
\vdots \\
\dfrac{1}{S_{02n}-S_{0i}}\Delta\alpha^{\mathrm{T}}\begin{bmatrix}
\boldsymbol{y}_{02n}^{\mathrm{T}}((S_{0i}+S_{02N})\boldsymbol{M}_{,1}+\boldsymbol{C}_{,1})\boldsymbol{x}_{0i}S_{1i}^{(1)}\cdots, \\
\boldsymbol{y}_{02n}^{\mathrm{T}}((S_{0i}+S_{01})\boldsymbol{M}_{,L}+\boldsymbol{C}_{,L})\boldsymbol{x}_{0i}S_{1i}^{(1)} \\
\vdots \qquad \vdots \qquad \vdots \\
\boldsymbol{y}_{02n}^{\mathrm{T}}((S_{0i}+S_{02N})\boldsymbol{M}_{,1}+\boldsymbol{C}_{,1})\boldsymbol{x}_{0i}S_{1i}^{(L)}\cdots, \\
\boldsymbol{y}_{02n}^{\mathrm{T}}((S_{0i}+S_{01})\boldsymbol{M}_{,L}+\boldsymbol{C}_{,L})\boldsymbol{x}_{0i}S_{1i}^{(L)}
\end{bmatrix}\Delta\alpha
\end{bmatrix} \\
&=\boldsymbol{U}_0\begin{bmatrix}
\dfrac{1}{S_{01}-S_{0i}}\Delta\alpha^{\mathrm{T}}\begin{bmatrix}
D_{\boldsymbol{u}_2 1}^{(1)}S_{1i}^{(1)} & \cdots & D_{\boldsymbol{u}_2 1}^{(1)}S_{1i}^{(1)} \\
\vdots & & \vdots \\
D_{\boldsymbol{u}_2 1}^{(1)}S_{1i}^{(t)} & \cdots & D_{\boldsymbol{u}_2 1}^{(t)}S_{1i}^{(t)} \\
\vdots & & \vdots \\
D_{\boldsymbol{u}_2 1}^{(1)}S_{1i}^{(L)} & \cdots & D_{\boldsymbol{u}_2 1}^{(t)}S_{1i}^{(t)}
\end{bmatrix}\Delta\alpha \\
\vdots \\
\dfrac{1}{S_{02n}-S_{0i}}\Delta\alpha^{\mathrm{T}}\begin{bmatrix}
D_{\boldsymbol{u}_2 2n}^{(1)}S_{1i}^{(1)} & \cdots & D_{\boldsymbol{u}_2 2n}^{(1)}S_{1i}^{(1)} \\
\vdots & & \vdots \\
D_{\boldsymbol{u}_2 2n}^{(1)}S_{1i}^{(t)} & \cdots & D_{\boldsymbol{u}_2 2n}^{(t)}S_{1i}^{(t)} \\
\vdots & & \vdots \\
D_{\boldsymbol{u}_2 2n}^{(1)}S_{1i}^{(L)} & \cdots & D_{\boldsymbol{u}_2 2n}^{(L)}S_{1i}^{(L)}
\end{bmatrix}\Delta\alpha
\end{bmatrix}
\end{aligned}
\tag{5.70}
$$

其中，

$$D_{\boldsymbol{u}_2 j}^{(t)} = \boldsymbol{y}_{0j}^{\mathrm{T}}((S_{0i}+S_{0j})\boldsymbol{M}_{,t}+\boldsymbol{C}_{,t})\boldsymbol{x}_{0i} \tag{5.71}$$

对于式(5.67)的第三项

$$-\frac{1}{2}\boldsymbol{U}_0\begin{bmatrix} 0 \\ \vdots \\ \begin{pmatrix} S_{0j}\boldsymbol{y}_{0j} \\ \boldsymbol{y}_{0j}\end{pmatrix}^{\mathrm{T}}\begin{bmatrix} 0 & \boldsymbol{M}_1 \\ \boldsymbol{M}_1 & \boldsymbol{C}_1\end{bmatrix}\boldsymbol{u}_{1i}+\boldsymbol{v}_{1i}^{\mathrm{T}}\boldsymbol{A}_0\boldsymbol{u}_{1i}+\boldsymbol{v}_{1i}^{\mathrm{T}}\begin{bmatrix} 0 & \boldsymbol{M}_1 \\ \boldsymbol{M}_1 & \boldsymbol{C}_1\end{bmatrix}\begin{pmatrix} S_{0i}\boldsymbol{y}_{0i} \\ \boldsymbol{y}_{0i}\end{pmatrix}\boldsymbol{u}_{0i} \\ \vdots \\ 0 \end{bmatrix}$$

$$=-\frac{1}{2}\boldsymbol{U}_0\left[\begin{bmatrix} 0 \\ \vdots \\ \Delta\alpha^{\mathrm{T}}\begin{bmatrix} D_{\boldsymbol{u}_3 1}^{(1)}\boldsymbol{u}_{1i}^{(1)} & \cdots & D_{\boldsymbol{u}_3 1}^{(1)}\boldsymbol{u}_{1i}^{(L)} \\ \vdots & \vdots & \\ D_{\boldsymbol{u}_3 1}^{(L)}\boldsymbol{u}_{1i}^{(1)} & \cdots & D_{\boldsymbol{u}_3 1}^{(L)}\boldsymbol{u}_{1i}^{(L)}\end{bmatrix}\Delta\alpha \\ \vdots \\ 0\end{bmatrix}+\begin{bmatrix} 0 \\ \vdots \\ \Delta\alpha^{\mathrm{T}}\begin{bmatrix} D_{\boldsymbol{u}_3 2}^{(1)}\boldsymbol{v}_{1i}^{(1)} & \cdots & D_{\boldsymbol{u}_3 2}^{(1)}\boldsymbol{v}_{1i}^{(L)} \\ \vdots & \vdots & \\ D_{\boldsymbol{u}_2}^{(L)}\boldsymbol{v}_{1i}^{(1)} & \cdots & D_{\boldsymbol{u}_3 2}^{(L)}\boldsymbol{v}_{1i}^{(L)}\end{bmatrix}\Delta\alpha \\ \vdots \\ 0\end{bmatrix}+\begin{bmatrix} 0 \\ \vdots \\ \Delta\alpha^{\mathrm{T}}\begin{bmatrix} \boldsymbol{v}_{1i}^{(1)T}\boldsymbol{A}\boldsymbol{u}_{1i}^{(1)}, & \cdots & \boldsymbol{v}_{1i}^{(1)T}\boldsymbol{A}\boldsymbol{u}_{1i}^{(L)} \\ \vdots & \vdots & \\ \boldsymbol{v}_{1i}^{(L)T}\boldsymbol{A}\boldsymbol{u}_{1i}^{(1)} & \cdots & \boldsymbol{v}_{1i}^{(L)T}\boldsymbol{A}\boldsymbol{u}_{1i}^{(L)}\end{bmatrix}\Delta\alpha \\ \vdots \\ 0\end{bmatrix}\right] \tag{5.72}$$

其中，

$$D_{\boldsymbol{u}_3 1}^{(t)} = \boldsymbol{y}_{0i}^{\mathrm{T}}(\boldsymbol{M}_{,t}, S_{0i}\boldsymbol{M}_{,t}+\boldsymbol{C}_{,t}) \tag{5.73}$$

$$D_{u_3 2}^{(t)} = \boldsymbol{x}_{0i}^{\mathrm{T}}(\boldsymbol{M}_{,t}, S_{0i}\boldsymbol{M}_{,t} + \boldsymbol{C}_{,t}) \tag{5.74}$$

将式(5.69)、(5.71)和(5.72)带入式(5.66),可得右特征向量二阶摄动量

$$\boldsymbol{u}_{2i} = \boldsymbol{U}_0 \begin{bmatrix} \Delta\alpha^{\mathrm{T}}\,\boldsymbol{h}_u^{(1)}\,\Delta\alpha \\ \vdots \\ \Delta\alpha^{\mathrm{T}}\,\boldsymbol{h}_u^{(j)}\,\Delta\alpha \\ \vdots \\ \Delta\alpha^{\mathrm{T}}\,\boldsymbol{h}_u^{(2n)}\,\Delta\alpha \end{bmatrix} \tag{5.75}$$

其中,当 $i \neq j$ 时

$$\boldsymbol{h}_u^{(j)} = \frac{1}{S_{0j} - S_{0i}}\Delta\alpha^{\mathrm{T}} \left[\begin{bmatrix} D_{u_1 j}^{(1)} S_{1i}^{(1)} & \cdots & D_{u_1 j}^{(1)}\,\boldsymbol{u}_{1i}^{(L)} \\ \vdots & & \vdots \\ D_{u_1 j}^{(t)}\,\boldsymbol{u}_{1i}^{(1)} & \cdots & D_{u_1 j}^{(t)} S_{1i}^{(t)} \\ \vdots & & \vdots \\ D_{u_1 j}^{(L)}\,\boldsymbol{u}_{1i}^{(1)} & \cdots & D_{u_1 j}^{(L)}\,\boldsymbol{u}_{1i}^{(L)} \end{bmatrix} + \begin{bmatrix} D_{u_j}^{(1)} S_{1i}^{(1)} & \cdots & D_{u_2 j}^{(L)} S_{1i}^{(1)} \\ \vdots & & \vdots \\ D_{u_2 j}^{(1)} S_{1i}^{(t)} & \cdots & D_{u_2 j}^{(t)} S_{1i}^{(t)} \\ \vdots & & \vdots \\ D_{u_2 j}^{(1)} S_{1i}^{(L)} & \cdots & D_{u_2 j}^{(t)} S_{1i}^{(t)} \end{bmatrix} \right] \Delta\alpha^{\mathrm{T}} \tag{5.76}$$

当 $i = j$ 时

$$\boldsymbol{h}_u^{(i)} = -\frac{1}{2}\Delta\alpha^{\mathrm{T}} \left[\begin{bmatrix} D_{u_3 1}^{(1)}\,\boldsymbol{u}_{1i}^{(1)} & \cdots & D_{u_3 1}^{(1)}\,\boldsymbol{u}_{1i}^{(L)} \\ \vdots & & \vdots \\ D_{u_3 1}^{(L)}\,\boldsymbol{v}_{1i}^{(1)} & \cdots & D_{u_3 1}^{(L)}\,\boldsymbol{v}_{1i}^{(L)} \end{bmatrix} + \begin{bmatrix} D_{u_3 2}^{(1)}\,\boldsymbol{v}_{1i}^{(1)} & \cdots & D_{u_3 2}^{(1)}\,\boldsymbol{v}_{1i}^{(L)} \\ \vdots & & \vdots \\ D_{u_3 2}^{(L)}\,\boldsymbol{v}_{1i}^{(1)} & \cdots & D_{u_3 2}^{(L)}\,\boldsymbol{v}_{1i}^{(L)} \end{bmatrix} + \begin{bmatrix} \boldsymbol{v}_{1i}^{(1)\mathrm{T}}\boldsymbol{A}\boldsymbol{u}_{1i}^{(1)} & \cdots & \boldsymbol{v}_{1i}^{(1)\mathrm{T}}\boldsymbol{A}\boldsymbol{u}_{1i}^{(L)} \\ \vdots & & \vdots \\ \boldsymbol{v}_{1i}^{(L)\mathrm{T}}\boldsymbol{A}\boldsymbol{u}_{1i}^{(1)} & \cdots & \boldsymbol{v}_{1i}^{(L)\mathrm{T}}\boldsymbol{A}\boldsymbol{u}_{1i}^{(L)} \end{bmatrix} \right] \Delta\alpha^{\mathrm{T}} \tag{5.77}$$

对式(5.75)进行展开可得$\boldsymbol{u}_{2i}$的第 k 行分量

$$\boldsymbol{u}_{2ik} = \sum_{j=1}^{2n} \boldsymbol{u}_{0jk}\,\Delta\alpha^{\mathrm{T}}\,\boldsymbol{h}_u^{(j)}\,\Delta\alpha = \Delta\alpha^{\mathrm{T}} \sum_{j=1}^{2n} \boldsymbol{u}_{0jk}\,\boldsymbol{h}_u^{(j)}\,\Delta\alpha \tag{5.78}$$

其中,令

$$H_{u_{ik}} = \boldsymbol{u}_{01k}\,\boldsymbol{h}_u^{(1)} + \boldsymbol{u}_{02k}\,\boldsymbol{h}_u^{(2)} + \cdots + \boldsymbol{u}_{02nk}\,\boldsymbol{h}_u^{(2n)} \tag{5.79}$$

设$\widetilde{\boldsymbol{H}}_{u_{ik}}$是$\boldsymbol{H}_{u_{ik}}$和其转置矩阵的和,有

$$\widetilde{\boldsymbol{H}}_{\boldsymbol{u}_{ik}} = \boldsymbol{H}\boldsymbol{u}_{ik} + \boldsymbol{H}_{u_{ik}}^{\mathrm{T}} \tag{5.80}$$

式(5.78)可以改写为

$$\boldsymbol{u}_{2ik} = \frac{1}{2}\Delta\alpha^{\mathrm{T}}\,\widetilde{H}_{\boldsymbol{u}_{ik}}\Delta\alpha \tag{5.81}$$

上式是右特征向量 k 行分量的二阶摄动量，$\widetilde{\boldsymbol{H}}_{\boldsymbol{u}_{ik}}$ 是特征向量 k 行分量的二阶增量矩阵。

5.5　复模态摄动灵敏度矩阵

与实模态情况相同，对多参数结构来说，其复特征值和特征向量也是设计参数 α 的函数，将第 i 阶复特征值和复特征向量的第 k 行分量在初始结构参数点 α_0 附近进行忽略余项的二阶 Taylor 展开

$$S_i(\alpha) = S_i(\alpha_0) + \boldsymbol{G}_{S_i}^{\mathrm{T}}(\alpha_0)\Delta\alpha + \frac{1}{2}\Delta\alpha^{\mathrm{T}}\boldsymbol{H}_{S_i}(\alpha_0)\Delta\alpha \tag{5.82}$$

$$\boldsymbol{u}_{ik}(\alpha) = \boldsymbol{u}_{ik}(\alpha_0) + \boldsymbol{G}_{\boldsymbol{u}_{ik}}^{\mathrm{T}}(\alpha_0)\Delta\alpha + \frac{1}{2}\Delta\alpha^{\mathrm{T}}\,\boldsymbol{H}_{\boldsymbol{u}_{ik}}(\alpha_0)\Delta\alpha \tag{5.83}$$

式中，$\boldsymbol{G}_{S_i}^{\mathrm{T}}(\alpha_0)$ 和 $\boldsymbol{H}_{S_i}(\alpha_0)$ 分别是复特征值的一阶、二阶灵敏度矩阵，$\boldsymbol{G}_{\boldsymbol{u}_{ik}}^{\mathrm{T}}(\alpha_0)$ 和 $\boldsymbol{H}_{\boldsymbol{u}_{ik}}(\alpha_0)$ 是复特征向量的一阶、二阶灵敏度矩阵。

$$\boldsymbol{G}_{s_i}^{\mathrm{T}}(\alpha) = \left[\frac{\partial S_i}{\partial\alpha^{(1)}} \quad \frac{\partial S_i}{\partial\alpha^{(2)}} \quad \cdots \quad \frac{\partial S_i}{\partial\alpha^{(L)}}\right] \tag{5.84}$$

$$\boldsymbol{H}_{s_i}(\alpha) = \begin{bmatrix} \dfrac{\partial^2 S_i}{\partial\alpha^{(1)2}} & \dfrac{\partial^2 S_i}{\partial\alpha^{(1)}\partial\alpha^{(2)}} & \cdots & \dfrac{\partial^2 S_i}{\partial\alpha^{(1)}\partial\alpha^{(L)}} \\ \dfrac{\partial^2 S_i}{\partial\alpha^{(2)}\partial\alpha^{(1)}} & \dfrac{\partial^2 S_i}{\partial\alpha^{(2)2}} & \cdots & \dfrac{\partial^2 S_i}{\partial\alpha^{(2)}\partial\alpha^{(L)}} \\ \vdots & \vdots & & \vdots \\ \dfrac{\partial^2 S_i}{\partial\alpha^{(L)}\partial\alpha^{(1)}} & \dfrac{\partial^2 S_i}{\partial\alpha^{(L)}\partial\alpha^{(2)}} & \cdots & \dfrac{\partial^2 S_i}{\partial\alpha^{(L)2}} \end{bmatrix} \tag{5.85}$$

$$\boldsymbol{G}_{\boldsymbol{u}_{ik}}^{\mathrm{T}}(\alpha_0) = \left[\frac{\partial \boldsymbol{u}_{ik}}{\partial\alpha^{(1)}} \quad \frac{\partial \boldsymbol{u}_{ik}}{\partial\alpha^{(2)}} \quad \cdots \quad \frac{\partial \boldsymbol{u}_{ik}}{\partial\alpha^{(L)}}\right] \tag{5.86}$$

$$\boldsymbol{H}_{u_{ik}} = \begin{bmatrix} \frac{\partial^2 \boldsymbol{u}_{ik}}{\partial \alpha^{(1)2}} & \frac{\partial^2 \boldsymbol{u}_{ik}}{\partial \alpha^{(1)} \partial \alpha^{(2)}} & \cdots & \frac{\partial^2 \boldsymbol{u}_{ik}}{\partial \alpha^{(1)} \partial \alpha^{(L)}} \\ \frac{\partial^2 \boldsymbol{u}_{ik}}{\partial \alpha^{(2)} \partial \alpha^{(1)}} & \frac{\partial^2 \boldsymbol{u}_{ik}}{\partial \alpha^{(2)2}} & \cdots & \frac{\partial^2 \boldsymbol{u}_{ik}}{\partial \alpha^{(2)} \partial \alpha^{(L)}} \\ \vdots & \vdots & & \vdots \\ \frac{\partial^2 \boldsymbol{u}_{ik}}{\partial \alpha^{(L)} \partial \alpha^{(1)}} & \frac{\partial^2 \boldsymbol{u}_{ik}}{\partial \alpha^{(L)} \partial \alpha^{(2)}} & \cdots & \frac{\partial^2 \boldsymbol{u}_{ik}}{\partial \alpha^{(L)2}} \end{bmatrix} \tag{5.87}$$

根据摄动理论，发生微小变化后的第 i 阶复特征值和复特征向量的 k 阶元素同样也可以表示为原结构与一阶、二阶摄动量之和，即

$$S_i = S_{0i} + \widetilde{\boldsymbol{G}}_{S_i}^{\mathrm{T}} \Delta\alpha + \frac{1}{2} \Delta\alpha^{\mathrm{T}} \widetilde{\boldsymbol{H}}_{S_i} \Delta\alpha \tag{5.88}$$

$$\boldsymbol{u}_{ik} = \boldsymbol{u}_{0ik} + \widetilde{\boldsymbol{G}}_{u_{ik}}^{\mathrm{T}} \Delta\alpha + \frac{1}{2} \Delta\alpha^{\mathrm{T}} \widetilde{\boldsymbol{H}}_{u_{ik}} \Delta\alpha \tag{5.89}$$

对比式(5.82)与(5.88)，式(5.83)和(5.89)可知，当参数 $\Delta\alpha$ 很小时，多参数摄动法得到的复特征值与复特征向量的一、二阶增量矩阵近似等于复特征值和复特征向量的一、二阶灵敏度矩阵，即

$$\lim_{\Delta\alpha \to 0} \widetilde{\boldsymbol{G}}_{S_i}^{\mathrm{T}} = \boldsymbol{G}_{S_i}^{\mathrm{T}}(\alpha_0) \qquad \lim_{\Delta\alpha \to 0} \widetilde{\boldsymbol{H}}_{s_i} = \boldsymbol{H}_{S_i}(\alpha_0) \tag{5.90}$$

$$\lim_{\Delta\alpha \to 0} \widetilde{\boldsymbol{G}}_{\boldsymbol{u}_{ik}}^{\mathrm{T}} = \boldsymbol{G}_{\boldsymbol{u}_{ik}}^{\mathrm{T}}(\alpha_0) \qquad \lim_{\Delta\alpha \to 0} \widetilde{\boldsymbol{H}}_{\boldsymbol{u}_{ik}} = \boldsymbol{H}_{\boldsymbol{u}_{ik}}(\alpha_0) \tag{5.91}$$

这样，就可以得到特征值和特征向量的一阶摄动灵敏度矩阵$\widetilde{\boldsymbol{G}}_{S_i}^{\mathrm{T}}$和$\widetilde{\boldsymbol{G}}_{\boldsymbol{u}_{ik}}^{\mathrm{T}}$，及二阶摄动灵敏度矩阵$\widetilde{\boldsymbol{H}}_{s_i}$和$\widetilde{\boldsymbol{H}}_{\boldsymbol{u}_{ik}}$。

5.6　数值算例

例 5.6.1　两自由度弹簧阻尼系统

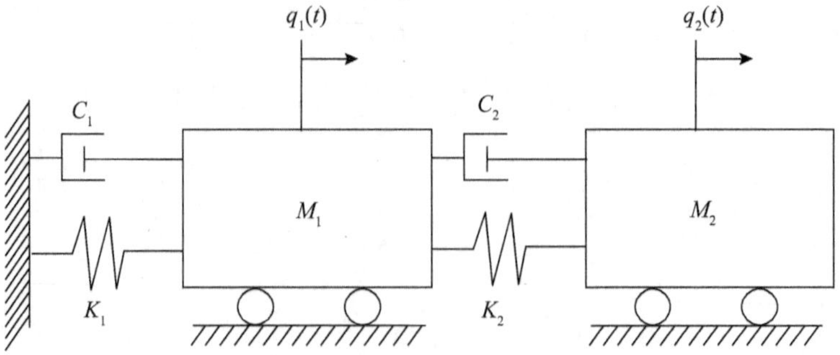

图 5.1　两自由度弹簧阻尼系统

结构的参数分别为

$$m_1 = m, m_2 = 2m, m = 1\text{kg} \quad k_1 = k, k_2 = 4k,$$

$$k = 1\ \text{Nm}^{-1}, c_1 = 0.2c, c_2 = 0.3c, c = 1\ \text{Nsm}^{-1}$$

根据式(4.10)系统矩阵分别为

$$\boldsymbol{A} = \begin{bmatrix} 0 & 0 & 1 & 0 \\ 0 & 0 & 0 & 2 \\ 1 & 0 & 0.5 & -0.3 \\ 0 & 2 & -0.3 & 0.3 \end{bmatrix} \qquad \boldsymbol{B} = \begin{bmatrix} -1 & 0 & 0 & 0 \\ 0 & -2 & 0 & 0 \\ 0 & 0 & 5 & -4 \\ 0 & 0 & 4 & 4 \end{bmatrix}$$

选取结构 m,k,c 作为参数，当这三个参数分别发生 $\varepsilon_1=0.005,\varepsilon_2=0.005,\varepsilon_3=0.001$ 的变化时，用本章提出的方法计算结构的特征值和右特征向量的一阶、二阶摄动灵敏度及摄动灵敏度矩阵，再根据求得的摄动灵敏度矩阵计算结构发生三种变化时的特征值和特征向量。

首先，根据本章提出的方法计算结构的摄动灵敏度矩阵。由于复特征值是成对出现的，这里仅给出 $i=1,i=3$ 时的特征值一阶、二阶摄动灵敏度矩阵。

$$\widetilde{\boldsymbol{G}}_{s_1}^{\mathrm{T}} = [0.0015 - 0.0063i - 0.0000 + 0.0065i - 0.0003 - 0.0000i]$$

$$\widetilde{\boldsymbol{G}}_{s_3}^{\mathrm{T}} = [0.0003 - 0.0027i \quad 0.0000 + 0.0027i \quad -0.0001 - 0.0000i]$$

$$\widetilde{\boldsymbol{H}}_{S_1} = \begin{bmatrix} -0.0743 + 0.2343i & & \text{symm} \\ 0.0000 - 0.0826i & 0.0000 - 0.0826i & \\ 0.0074 + 0.0013i & -0.0000 + 0.0005i & 0.0000 - 0.0002i \end{bmatrix} \times 1.0 \times 10^{-4}$$

$$\widetilde{\boldsymbol{H}}_{s_3} - \begin{bmatrix} -0.0278 + 0.2038i & & \text{symm} \\ -0.0000 - 0.0685i & -0.0000 - 0.0685i & \\ 0.0028 + 0.0002i & 0.0000 + 0.0001i & -0.0000 - 0.0000i \end{bmatrix} \times 1.0 \times 10^{-4}$$

该结构的刚度、质量和阻尼矩阵都是对称阵，所以其右、左特征向量相等。这里仅给出 $i=1,i=3$ 时右特征向量一阶摄动灵敏度矩阵及其第一行分量的二阶摄动灵敏度矩阵。

$$\widetilde{\boldsymbol{G}}_{u_1} = \begin{bmatrix} -0.0031 + 0.0020i & 0.0008 - 0.0010i & 0.0001 + 0.0001i \\ 0.0012 - 0.0009i & -0.0003 + 0.0004i & -0.0000 - 0.0000i \\ 0.0003 + 0.0004i & 0.0003 + 0.0004i & 0.0000 - 0.0000i \\ -0.0002 - 0.0001i & -0.0002 - 0.0001i & 0.0000 - 0.0000i \end{bmatrix} \times 1.0 \times 10^{-4}$$

$$\widetilde{\boldsymbol{G}}_{u_3} = \begin{bmatrix} -0.0015 + 0.0013i & 0.0005 - 0.0005i & 0.0000 + 0.0000i \\ -0.0018 + 0.0015i & 0.0005 - 0.0006i & 0.0000 + 0.0000i \\ 0.0009 + 0.0009i & 0.0009 + 0.0009i & -0.0000 + 0.0000i \\ 0.0010 + 0.0010i & 0.0010 + 0.0010i & 0.0000 - 0.0000i \end{bmatrix} \times 1.0 \times 10^{-4}$$

$$\widetilde{\boldsymbol{H}}_{u_{11}}=\begin{bmatrix}0.1430-0.0802i & & \text{symm}\\ -0.0130+0.0201i & -0.0130+0.0201i & \\ -0.0026+0.0030i & -0.0005+0.0007i & 0.0000+0.0000i\end{bmatrix}\times 1.0\times 10^{-4}$$

$$\widetilde{\boldsymbol{H}}_{u_{31}}=\begin{bmatrix}0.1367-0.1135i & & \text{symm}\\ -0.0165+0.0191i & -0.0165+0.0191i & \\ -0.0010-0.0010i & -0.0002-0.0002i & 0.0000-0.0000i\end{bmatrix}\times 1.0\times 10^{-4}$$

下表 5.1 和 5.2 是利用上面所得到的一阶、二阶摄动灵敏度矩阵计算的三种不同情况下结构的特征值和右特征向量。

表 5.1 三种修改情况下的结构特征值

		精确解	一阶解	二阶解	误差一%	误差二%
情况一	S_1	$-0.294838+2.571280i$	$-0.294815+2.5712845i$	$-0.294838+2.571280i$	4.8105×10^{-5}	9.2499×10^{-7}
	S_3	$-0.027587+0.545726i$	$-0.027584+0.545726i$	$-0.027587+0.545726i$	9.2361×10^{-5}	9.6952×10^{-8}
情况二	S_1	$-0.294279+2.5713464i$	$-0.294220+2.571355i$	$-0.294280+2.571346i$	$7.8581e\times 10^{-5}$	2.9392×10^{-6}
	S_3	$-0.027543+0.545728i$	$-0.027529+0.545728i$	$-0.275347+0.5457283i$	1.2665×10^{-6}	2.3245×10^{-7}
情况三	S_1	$-0.297193+2.686870i$	$-0.297193+2.701329i$	$-0.297193+2.684993i$	0.5316	0.0690
	S_3	$-0.027806+0.570033i$	$-0.027806+0.573067i$	$-0.027806+0.569641i$	0.5298	0.0685

表 5.2　三种修改情况下的结构右特征向量

		精确解	一阶解	二阶解
情况一	$\boldsymbol{u}_1$	$\begin{bmatrix} 0.7711-0.5959i \\ -0.3135+0.2684i \\ -0.2627-0.2698i \\ 0.1168+0.1085i \end{bmatrix}$	$\begin{bmatrix} 0.7710-0.5959i \\ -0.3134+0.2683i \\ -0.2626-0.2697i \\ 0.1168+0.1085i \end{bmatrix}$	$\begin{bmatrix} 0.7711-0.5959i \\ -0.3135+0.2684i \\ -0.2627-0.2698i \\ 0.1168+0.1085i \end{bmatrix}$
	$\boldsymbol{u}_3$	$\begin{bmatrix} 0.1977-0.1815i \\ 0.2346-0.2108i \\ -0.3500-0.3446i \\ -0.4070-0.4093i \end{bmatrix}$	$\begin{bmatrix} 0.1976-0.1814i \\ 0.2345-0.2108i \\ -0.3499-0.3445i \\ -0.4070-0.4092i \end{bmatrix}$	$\begin{bmatrix} 0.1977-0.1815i \\ 0.2346-0.2108i \\ -0.3500-0.3446i \\ -0.4070-0.4093i \end{bmatrix}$
情况二	$\boldsymbol{u}_1$	$\begin{bmatrix} 0.7671-0.5932i \\ -0.3119+0.2671i \\ -0.2614-0.2684i \\ 0.1162+0.1080i \end{bmatrix}$	$\begin{bmatrix} 0.7670-0.5931i \\ -0.3118+0.2670i \\ -0.2613-0.2683i \\ 0.1162+0.1079i \end{bmatrix}$	$\begin{bmatrix} 0.7671-0.5932i \\ -0.3119+0.2671i \\ -0.2614-0.2684i \\ 0.1162+0.1080i \end{bmatrix}$
	$\boldsymbol{u}_3$	$\begin{bmatrix} 0.1967-0.1806i \\ 0.2334-0.2098i \\ -0.3483-0.3429i \\ -0.4050-0.4073i \end{bmatrix}$	$\begin{bmatrix} 0.1997-0.1806i \\ 0.2334-0.2098i \\ -0.3482-0.3482i \\ -0.4049-0.4072i \end{bmatrix}$	$\begin{bmatrix} 0.1967-0.1806i \\ 0.2334-0.2098i \\ -0.3483-0.3429i \\ -0.4050-0.4073i \end{bmatrix}$
情况三	$\boldsymbol{u}_1$	$\begin{bmatrix} 0.7523-0.5868i \\ -0.3063+0.2637i \\ -0.2463-0.2527i \\ 0.1094+0.1019i \end{bmatrix}$	$\begin{bmatrix} 0.7520-0.5879i \\ -0.3063+0.2640i \\ -0.2443-0.2505i \\ 0.1084+0.1011i \end{bmatrix}$	$\begin{bmatrix} 0.7521-0.5864i \\ -0.3062+0.2635i \\ -0.2466-0.2530i \\ 0.1095+0.1020i \end{bmatrix}$
	$\boldsymbol{u}_3$	$\begin{bmatrix} 0.1933-0.1780i \\ 0.2293-0.2069i \\ -0.3280-0.3231i \\ -0.3816-0.3837i \end{bmatrix}$	$\begin{bmatrix} 0.1934-0.1782i \\ 0.2294-0.2071i \\ -0.3252-0.3204i \\ -0.3784-0.3804i \end{bmatrix}$	$\begin{bmatrix} 0.1933-0.1779i \\ 0.2293-0.2068i \\ -0.3284-0.3235i \\ -0.3821-0.3842i \end{bmatrix}$

表 5.1 和 5.2 中的三种情况分别为：

(1)$\varepsilon_1=0.01 \quad \varepsilon_2=0.01 \quad \varepsilon_3=0.002$

(2)$\varepsilon_1=0.02 \quad \varepsilon_2=0.02 \quad \varepsilon_3=0.01$

(3)$\varepsilon_1=0.1 \quad \varepsilon_2=0.2 \quad \varepsilon_3=0.1$

从表中的计算结果可以看出，在结构发生不同情况的改变时，用摄动灵敏度矩阵可以对结构进行快速重分析，当参数改变量不大时，有很好的计算精度。

例 5.6.2　为进一步验证本章提出算法的有效性，对旋转臂系统的特征问题进行计算分析。

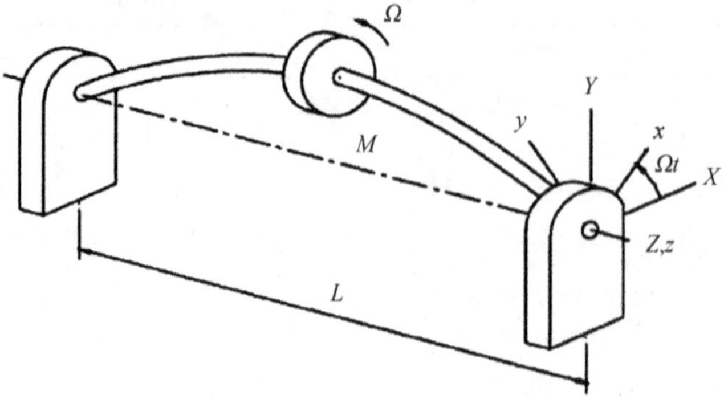

图 5.2 旋转臂系统

如图 5.2 所示，旋转臂以角速度 Ω 快速旋转，质量块 M 位于旋臂中心。

结构的运动方程为

$$\boldsymbol{M}\ddot{\boldsymbol{u}}(t)+(\boldsymbol{C}+\boldsymbol{G})\dot{\boldsymbol{u}}(t)+(\boldsymbol{K}+\boldsymbol{H})\boldsymbol{u}(t)=\boldsymbol{F}(t) \tag{5.90}$$

其中，$\boldsymbol{M}$、$\boldsymbol{C}$、$\boldsymbol{K}$ 和 $\boldsymbol{F}$ 分别是结构的质量，阻尼和刚度矩阵和外力矩阵。$\boldsymbol{G}$ 是转子矩阵，$\boldsymbol{H}$ 是循环矩阵。

$$\begin{gathered}\boldsymbol{M}=\begin{bmatrix}\boldsymbol{M}_{11} & \\ & \boldsymbol{M}_{22}\end{bmatrix}\quad \boldsymbol{G}=\begin{bmatrix}0 & \boldsymbol{G}_{12}\\ -\boldsymbol{G}_{12} & 0\end{bmatrix}\quad \boldsymbol{C}=\begin{bmatrix}\boldsymbol{C}_{11} & \\ & \boldsymbol{C}_{22}\end{bmatrix}\\ \boldsymbol{K}=\begin{bmatrix}\boldsymbol{K}_{11} & \\ & \boldsymbol{K}_{22}\end{bmatrix}\quad \boldsymbol{H}=\begin{bmatrix}0 & \boldsymbol{G}_{12}\\ -\boldsymbol{H}_{12} & 0\end{bmatrix}\end{gathered} \tag{5.91}$$

在外力 F 为零时，矩阵的元素定义如下：

$$\begin{aligned}&[\boldsymbol{M}_{11}]_{ij}=[\boldsymbol{M}_{22}]_{jj}=m_0L\delta_{ij}+2M\sin(i\pi/2)\sin(j\pi/2),\quad i,j=1,2,\cdots,p\\&[\boldsymbol{G}_{12}]_{ij}=-2\Omega[\boldsymbol{M}_{11}]_{ij},\quad [\boldsymbol{C}_{11}]_{ij}=[\boldsymbol{C}_{22}]_{ij}=(c+h)L\delta_{ij}\quad i,j=1,2,\cdots,p\\&[\boldsymbol{K}_{11}]_{ij}=2(\boldsymbol{K}_1+\boldsymbol{K}_2\cos(i\pi/2)\cos(j\pi/2))(i\pi/L)(i\pi/L)+\\&\qquad EI_x(i\pi/L)^2(j\pi/L)^2L\delta_{ij}-\Omega^2[\boldsymbol{M}_{11}]_{ij}\quad i,j=1,2,\cdots,p\\&[\boldsymbol{H}_{12}]_{ij}=-h\Omega L\delta_{ij}\quad i,j=1,2,\cdots,p\end{aligned} \tag{5.92}$$

其中，$m_0=15\text{kg/m}$，$\boldsymbol{M}=15\text{kg}$，$EI_y=9L^3/5\pi^2\ \text{Nm}^2$，$EI_x=4L^3/5\pi^2\ \text{Nm}^2$，$\boldsymbol{K}_1=\boldsymbol{K}_2=L^2/20\text{Nm}^2$，$\Omega=\sqrt{21.6\pi}\,\text{rad/s}$，$c=h=0.25\text{Ns/m}$，$L=2\text{m}$，选取结构的 m_0，c 和 L 作为变化参数，对系统进行灵敏度分析。

首先，计算当 $\varepsilon=0.001$ 时结构的一阶、二阶摄动灵敏度矩阵。

根据式(5.47)计算第一阶特征值的一阶摄动灵敏度矩阵，得

$$\widetilde{\boldsymbol{G}}_s^{\mathrm{T}}=[0.0017-0.0611i,0.0010-0.1023i,-0.002-0.0055i] \tag{5.93}$$

根据式(5.64)计算特征值的二阶摄动灵敏度矩阵，得到

$$\widetilde{\boldsymbol{H}}_s=\begin{bmatrix}-0.0195+0.4940i & & \text{symm}\\ -0.0125+0.6055i & -0.0058+0.7010i & \\ 0.0008-0.0065i & 0.0017-0.0694i & -0.0006+0.2103i\end{bmatrix}\times 10^{-3} \tag{5.94}$$

根据式(5.53)计算对应的右特征向量第一分量的一阶摄动灵敏度矩阵

$$\widetilde{\boldsymbol{G}}_{u_{1x}}^{\mathrm{T}}=[-0.0069+0.0066i,-0.0153+0.0144i,0.0059-0.0052i] \tag{5.95}$$

根据式(5.80)计算右特征向量的第一分量的二阶摄动灵敏度矩阵

$$\widetilde{\boldsymbol{H}}_{u_{ik}}=\begin{bmatrix}-0.0097-0.0028i & & \text{symm}\\ 0.0095-0.0177i & 0.1436-0.1246i & \\ 0.0209-0.0180i & -0.0564+0.0380i & 0.0657-0.0465i\end{bmatrix}\times 10^{-3} \tag{5.96}$$

同理，可得右特征向量第二分量的一阶摄动灵敏度矩阵

$$\widetilde{\boldsymbol{G}}_{u_{1x}}=[-0.1603+0.1499i,-0.2051+0.1966i,0.0335-0.0330i]^{\mathrm{T}}\times 10^{-5} \tag{5.97}$$

第二分量的二阶摄动灵敏度矩阵

$$\widetilde{\boldsymbol{H}}_{u_{ik}}=\begin{bmatrix}0.1586-0.1509i & & \text{symm}\\ 0.1699-0.1636i & 0.1881-0.1775i & \\ 0.0930-0.0833i & 0.0761-0.0747i & 0.0529-0.0420i\end{bmatrix}\times 10^{-7} \tag{5.98}$$

下表是利用上面得到的摄动灵敏度矩阵计算 $\varepsilon=0.01$ 时结构的特征值、特征向量一阶、二阶增量和与精确解间的误差。

表 5.3　旋转臂系统特征值和特征向量近似解与精确解比较

	特征值	右特征向量第一方向分量	右特征向量第二方向分量
A	$-0.1538+8.2903i$	$0.8918-0.8414i$	$1.1923\times10^{-4}-1.1242\times10^{-4}i$
B	$-0.1536+8.2867i$	$0.9024-0.8504i$	$1.1939\times10^{-4}-1.1264\times10^{-4}i$
C	$-0.1538+8.2902i$	$0.8925-0.8406i$	$1.1928\times10^{-4}-1.1254\times10^{-4}i$
$E_1\%$	4.3454×10^{-2}	0.113	0.16
$E_2\%$	1.2058×10^{-3}	3.2127×10^{-3}	7.3441×10^{-2}

表中 A 表示结构的精确解；B 表示结构的一阶近似解；C 表示结构的二阶

近似解；$E1$ 表示结构的一阶近似解与精确解误差；$E2$ 表示结构的二阶近似解与精确解误差。

其中，对于特征值和特征向量 k 阶元素的误差计算公式为

$$E_1 = \frac{||A| - |B||}{|A|} \times 100\% \quad E_2 = \frac{||A| - |C||}{|A|} \times 100\%$$

从表 5.3 中可以看出，在结构发生小变化时，用摄动灵敏度矩阵，即式(5.93)至式(5.98)对结构进行重分析可以具有较好的计算精度。

5.7 本章小结

复模态摄动灵敏度研究是多参数结构实模态特征灵敏度问题在复模态领域里的推广和改进。本章先介绍了复模态情况下的特征值和特征向量的矩阵摄动理论，然后将结构的刚度阵、质量阵和阻尼阵看作结构参数的函数，根据 Taylor 级数作一阶展开，得到增量矩阵与参数间的导数关系。再从特征值和特征向量的一阶、二阶摄动公式给出多参数结构的特征值和特征向量一阶、二阶摄动灵敏度和摄动灵敏度矩阵，解决了由于特征值和特征向量不显含结构参数，其多参数导数矩阵无法直接计算的问题。最后通过数值算例证明了该方法的可行性和有效性。

第 6 章　多参数结构二阶摄动灵敏度算法实现

6.1　引　言

固体力学从 21 世纪初只能解答少数简单的实际问题，发展到今天可以解决工程实际中大量的复杂问题，离不开计算机技术的快速发展和功能强大的 CAE 处理技术。现代 CAE 技术已经深入到产品设计的每个角落，所研究问题的广度和深度都有了很大提高。在复杂而激烈的市场竞争中，企业不仅要提高产品的性能和质量，还要降低产品的生产成本，这就涉及一系列优化问题。而在设计过程中，想要实现将优化理论和 CAE 方法相结合就需要有一种科学计算软件，它不仅要具有建立几何模型、划分网格、复杂工况加载、计算求解和可视化后处理能力，还要具有对计算结果进行重分析的能力。I-DEAS 软件系统可以很好地满足这两方面的要求。它有先进的计算模拟功能，可以实现参数化几何建模，能够对模型自动划分网格，并且具有强大的计算分析能力和丰富的后处理选项。I-DEAS 的开放式体系结构，成为集成优化系统的理想平台。它具有独特的开放式结构，例如数据联接（I-DEAS Open Link）、数据库（I-DEAS Open Data）和程序语言（I-DEAS Open Language）等。

应用软件的二次开发平台，设计人员可以开发独立运行的结构优化程序。首先根据后处理窗口，读取有限元模型信息和计算结果，然后根据设计的程序进行灵敏度分析，为模型修改提供指导意见，最后启动重分析过程的命令。本章将讨论多参数结构特征值和特征向量灵敏度问题在 I-DEAS 中的具体实施过程。

6.2　程序开发功能与平台

I-DEAS 提供的简便参数化建模技术，可以实现设计产品的快速修改。其方法是：以改变参数的几何模型为基础，实现参数驱动，提供定义参数化约束的手段，利用数据库和二次开发平台对参数进行管理。例如，在大型工程问题中，将同一部件或同一材料设为关键尺寸，通过这些关键尺寸来驱动建模，就能节省设计时间，简化修改过程，产品设计修改的效率就会大大提高。

利用 I-DEAS 的二次开发平台，设计人员可以实现快速地参数化建模和简洁地结构修改。为方便设计人员进行二次软件开发，I-DEAS 提供了丰富的编程接口（API），这里最常用的是 Open Link 及 Open I-DEAS。

Open Link 融合了大量基于 C 语言基础上的函数和命令，用户可以用它来编写程序，通过与 I-DEAS 之间的相互通信，得到程序计算结果。Open Link 和 I-DEAS 软件之间是一种客户端与服务器的关系。服务器接受从客户端发出的命令，并以输出、错误和其他各种结果作为回应。这里 Open Link 程序执行用户或服务器发出的各种程序命令，并且支持多个应用程序与 I-DEAS 软件之间的相互联系，进而实现设计人员与服务器程序之间的联系过程。

I-DEAS 软件的基础 CORBA 是依据对象管理组织在 1991 年公布的通用技术规范而制定。它可以将多个应用程序联合在一起，通过定义分布式对象程序结合一体的方法实现客户需求。Open I-DEAS 遵守了技术规范，通过面向对象的方法及工业上的标准接口定义语句，研发了自己特有的汇编语言。这些程序文件都是以一系列语句所组成的文本文件，通用扩展名为“. PRG”。它可以通过系统在 I-DEAS 的二次平台上建立，也可以通过其他编辑器建立，然后导入开发平台。用户使用自编译的应用程序可自动执行一系列的语言操作，减少了工作的反复性，简化了设计的复杂性。

本书就是根据自编译的二次开发程序，通过与 I-DEAS 进行交互式的通信，实现多参数结构实模态和复模态特征值和特征向量的摄动灵敏度算法。

6.3 多参数结构特征问题灵敏度计算和软件二次开发

6.3.1 建立结构模型的有限元数据

通过软件自有的前处理模块，根据结构的几何模型，生成有限元数据。输出初始结构的刚度和质量矩阵及特征值、特征向量信息。

自编译的二次开发程序：

NORMAL_MODE_DYNAMICS. PRG（生成 KII0，MII0，FREQS0，DI0）

6.3.2　多参数结构摄动灵敏度重分析流程

应用 I-DEAS 的参数化建模，建立结构根据参数变化的系数阵。

自编译的二次开发程序：

(1)读入所需的初始结构刚度矩阵、质量矩阵和结构的特征信息 KII0，MII0，FREQS0，和 DI0；

(2)运行参数化建模程序，输出 KII，MII，FREQS，DI；

(3)判断 KII0 和 KII 矩阵的大小，根据参数分别形成多个刚度阵和质量阵的增量 DKII 和 DMII；

(4)求解原结构自由度规模的摄动方程；

(5)运行程序 SENSITIVITY1. PRG 至 SENSITIVITY4. PRG 得到结构特征值和特征向量的一阶、二阶摄动灵敏度矩阵；

(6)运用(5)步得到的结果，对结构进行重分析，得到不同修改情况下的结构特征解。

6.4　软件二次开发命令介绍

1. I-DEAS 数据库基本命令

PRG 文件在执行矩阵操作之前，需要先打开 I-DEAS 的矩阵数据库。在命令完成时，也需要关闭矩阵数据库，并释放内存空间。

(1)打开矩阵数据库基本命令

K:/HMPACK DATABASE OPEN [/P=W][/P=M]

矩阵数据库名在求解对话框中设定。命令通过特定的方式(写入[/P=W]或修改[/P=M])打开矩阵数据库。默认方式是[/P=W]。

当[/P=M]时，指定的数据库必须存在。该命令一般使用在模态叠加法求响应的重新求解过程中，此外也会在结构重分析方法中使用到。

当[/P=W]时，系统会创建一个新的矩阵数据库，并覆盖原数据库。

(2)关闭数据库基本命令

K:/HMPACK DATABASE CLOSE

(3)文件 I/O 命令 输出矩阵到指定文件中

K:/HMPACK UNIVERSAL_FILE WRITE MATRIXNAME "filename"

输出可视化矩阵到指定文件中

K:/HMPACK UNIVERSAL _ FILE READABLE _ WRITE MATRIX-

NAME "filename"

从文件中输入矩阵

K:/HMPACK UNIVERSAL_FILE READ "filename"

矩阵操作命令

(1)定义矩阵的行

K:#V_ROWS =NAME

(2)定义矩阵的列

K:#V_COLS =NAME

(3)矩阵乘法中常用的定义语句

K:#V_I = X

K:#V_J = X

2. 矩阵操作基本命令

(1)从矩阵中提取第 V_I 行、第 V_J 列的值,保存到变量 V_IJ 中

K:/HMPACK MATRIX EXTRACT EXTRACT_VALUE MATRIXNAME "V_I" "V_J" "V_IJ"

(2)将数值 V_IJ 保存到矩阵的第 V_I 行、第 V_J 列中

K:/HMPACK MATRIX INSERT INSERT_VALUE MATRIXNAME "V_IJ" "V_I" "V_J"

(3)从特征向量矩阵中提取第 V_I 列特征向量,生成新向量 V_X

K:/HMPACK MATRIX EXTRACT EXTRACT_A_COLUMN MATRIXNAME "V_I" V_X

(4)将向量 A 保存到矩阵的第 V_X 列中

K:/HMPACK MATRIX INSERT INSERT_A_COLUMN MATRIXNAME "V_X" A

(5)将矩阵扩乘倍数 V_XL

K:/HMPACK MATRIX SCALAR_MULTIPLY "V_OPT" MATRIXNAME "V_XL"

6.5 灵敏度程序案例

K:/LOG MESSAGE "Hypermatrix File Opened"

K:/HMPACK PROGRAM_FILE RUN

K:"table1. prg"

```
K:/HMPACK PROGRAM_FILE RUN
K:"table2.prg"
K:/FORM MATERIAL_TABLES ELNTMP ELTPOF
K:/HMPACK PROGRAM_FILE RUN
K:"booleans.prg"
K:/LOG MESSAGE "Begin element stiffness matrix formation"
K:/FORM ELEMENT LHS_MATRICES STIFFNESS EOFF ELLHST
ELNTMP ELTPOF
K:/HMPACK BOOLEAN_LHS SYMMETRIC_ASSEMBLY EBOLIN
ELLHST KII/F=R
K:/HMPACK MATRIX KILL ELLHST
K:/LOG MESSAGE "Element stiffness matrix formed"
K:/HMPACK UNIVERSAL_FILE WRITE_READABLE KII
K:"KII.UNV"
K:/LOG MESSAGE "Begin element mass matrix formation"
K:/FORM ELEMENT LHS_MATRICES MASS EOFF ELLHMA
ELNTMP ELTPOF
K:/HMPACK BOOLEAN_LHS SYMMETRIC_ASSEMBLY EBOLIN
ELLHMA MII/F=R
K:/HMPACK MATRIX KILL ELLHMA
K:/HMPACK UNIVERSAL_FILE WRITE_READABLE MII
K:"MII.UNV"
K:/HMPACK MATRIX KILL KII MII
K:/HMPACK DATABASE CLOSE
K:/LOG MESSAGE " User Defined Solution:EIGENVALUE"
K:/HMPACK DATABASE OPEN
K:/HMPACK UNIVERSAL_FILE READ
K:"KII.UNV"
K:/HMPACK UNIVERSAL_FILE READ
K:"MII.UNV"
K:#Y_ROWS=0.0
K:#Y_COLS=0.0
K:#Y_COL=1.0
C:MEASURE THE SIZE OF KII
```

```
K:/HMPACK MATRIX MEASURE KII "Y_ROWS" "Y_COLS"
K:/HMPACK MATHEMATICS JACOBI_EIGENSOLUTION KII MII
DI FREQS MM
K:/HMPACK UNIVERSAL_FILE WRITE DI
K:"DI. UNV"
K:/HMPACK UNIVERSAL_FILE WRITE_READABLE FREQS
K:"FREQS. UNV"
K:/HMPACK DATABASE CLOSE
K:/HMPACK DATABASE OPEN
K:/HMPACK UNIVERSAL_FILE READ
K:"GDI. UNV"
K:/HMPACK UNIVERSAL_FILE READ
K:"FREQS. UNV"
K:/HMPACK UNIVERSAL_FILE READ
K:"DKII. UNV"
K:/HMPACK UNIVERSAL_FILE READ
K:"DMII. UNV"
K:/HMPACK UNIVERSAL_FILE READ
K:"ALFA. UNV"
K:#OPT=1.0
K:#II=1.0
K:/HMPACK MATRIX MEASURE GDI "Y_ROWS" "Y_COLS"
K:/HMPACK MATRIX MEASURE ALFA "AROWS" "ACOLS"
K:#EQU100:
K:#FF=0.0
K:/HMPACK MATRIX EXTRACT EXTRACT_VALUE FREQS "II" "
OPT" "FF"
K:#XI=FF*FF
K:/HMPACK MATRIX INSERT INSERT_VALUE FREQS "II" "OPT"
"XI"
K:#II=II+1
K:# IF (II LE Y_COLS ) THEN GOTO EQU100
K:/HMPACK MATRIX COPY FREQS OLAMD
K:/HMPACK UNIVERSAL_FILE WRITE OLAMD
```

K:"OLAMD. UNV

K:/HMPACK MATRIX NULL_MATRIX DAMD1 "AROWS" "OPT"

K:/HMPACK MATRIX EXTRACT EXTRACT_VALUE FREQS "I" "OPT" "ILMD"

K:/HMPACK MATRIX EXTRACT EXTRACT_A_COLUMN GDI "I" GDII

K:/HMPACK MATHEMATICS TRANSPOSE_MULTIPLY GDII DKII S

K:/HMPACK MATHEMATICS MULTIPLY S GDII SS

K:/HMPACK MATHEMATICS TRANSPOSE_MULTIPLY GDII DMII T

K:/HMPACK MATHEMATICS MULTIPLY T GDII TT1

K:/HMPACK MATRIX SCALAR_MULTIPLY "OPT" TT "ILMD"

K:/HMPACK MATHEMATICS SUBTRACT TT SS

K:/HMPACK MATRIX EXTRACT EXTRACT_A_ROW SS "OPT" AS

K:/HMPACK MATRIX INSERT INSERT_A_ROW DAMD "OPT" AS

K:/HMPACK MATRIX KILL S SS T TT GDII AS

K:/HMPACK MATHEMATICS TRANSPOSE_MULTIPLY ALFA DAMD D1LAMD

K:/HMPACK MATRIX EXTRACT EXTRACT_VALUE OLAMD "I" "OPT" "OLD"

K:/HMPACK MATRIX EXTRACT EXTRACT_VALUE D1LAMD "OPT" "OPT" "D1D"

K:# NEW=OLD+D1D

K:/HMPACK MATRIX INSERT INSERT_VALUE D1LAMD "OPT" "OPT" "NEW"

K:/HMPACK MATHEMATICS ADD D1LAMD

K:/HMPACK UNIVERSAL_FILE WRITE_READABLE D1LAMD

K:"D1LAMD. UNV"

C:###

C:###输出特征值一阶摄动灵敏度矩阵###

C:###

```
K:/HMPACK MATRIX NULL_MATRIX U "Y_ROWS" "OPT"
K:#EQU208:
K:# IF (J NE I)THEN GOTO EQU207
K:/HMPACK MATRIX EXTRACT EXTRACT_A_COLUMN GDI "I" GDII
K:/HMPACK MATHEMATICS TRANSPOSE_MULTIPLY GDII DM OFY
K:/HMPACK MATHEMATICS MULTIPLY OFY GDII DII
K:/HMPACK MATRIX SCALAR_MULTIPLY "OPT" D "HALF"
K:/HMPACK MATRIX COPY D Q
K:/HMPACK MATRIX EXTRACT EXTRACT_VALUE Q "OPT" "OPT" "CM"
K:/HMPACK MATRIX INSERT INSERT_VALUE U "I" "OPT" "CM"
K:# GOTO EQU209
K:#EQU207:
K:/HMPACK MATRIX EXTRACT EXTRACT_VALUE FREQS "I" "OPT" "ILMD"
K:#XI=1/(ILMD-JLMD)
K:/HMPACK MATRIX EXTRACT EXTRACT_A_COLUMN GDI "I" GDII
K:/HMPACK MATHEMATICS TRANSPOSE_MULTIPLY GDIJ ADK S
K:/HMPACK MATHEMATICS MULTIPLY S GDII SS
K:/HMPACK MATRIX SCALAR_MULTIPLY "OPT" GDIJ "ILMD"
K:/HMPACK MATHEMATICS TRANSPOSE_MULTIPLY GDIJ ADM T
K:/HMPACK MATHEMATICS MULTIPLY T GDII TT
K:/HMPACK MATHEMATICS SUBTRACT TT SS
K:/HMPACK MATRIX SCALAR_MULTIPLY "OPT" SS "XI"
K:/HMPACK MATRIX COPY SS QQ
K:/HMPACK MATRIX KILL S SS T TT GDII GDIJ
K:/HMPACK MATRIX EXTRACT EXTRACT_VALUE QQ "OPT" "OPT" "CM"
K:/HMPACK MATRIX INSERT INSERT_VALUE U "J" "OPT" "CM"
```

```
K:/HMPACK MATRIX KILL QQ
K:# EQU209:
K:#J=J+1
K:# IF (J LE Y_ROWS)THEN GOTO EQU208
K:/HMPACK MATHEMATICS MULTIPLY GDI U DDU
K:/HMPACK MATRIX MERGE MERGE_COLUMNS DDU DDU F
K:/HMPACK UNIVERSAL_FILE WRITE_READABLE AU
K:"AU.UNV"
K:/HMPACK MATHEMATICS MULTIPLY AU ALFA ADU
K:/HMPACK UNIVERSAL_FILE WRITE_READABLE ADU
K:"ADU.UNV"
K:/HMPACK MATRIX EXTRACT EXTRACT_A_COLUMN GDI "I"
GDII
K:/HMPACK MATHEMATICS ADD GDII ADU
K:/HMPACK MATRIX COPY ADU DU
K:/HMPACK UNIVERSAL_FILE WRITE_READABLE DU
K:"DU.UNV"
C:###########################################################
C:###输出特征向量一阶摄动灵敏度矩阵###
C:###########################################################
K:/HMPACK MATRIX MATRIX_TRANSPOSE H HT
K:/HMPACK MATHEMATICS ADD HT H1
K:/HMPACK MATRIX SCALAR_MULTIPLY "OPT" H1 "HALF"
K:/HMPACK MATRIX COPY H1 HH
K:/HMPACK MATRIX SCALAR_MULTIPLY "OPT" HH "ER"
K:#EQU308:
K:# IF (J NE I)THEN GOTO EQU307
K:/HMPACK MATRIX EXTRACT EXTRACT_A_COLUMN GDI "I"
GDII
K:/HMPACK MATHEMATICS TRANSPOSE_MULTIPLY GDII AD-
MII OFY
K:/HMPACK MATHEMATICS MULTIPLY OFY GDII D
```

K:/HMPACK MATRIX SCALAR_MULTIPLY "OPT" D "HALF"

K:/HMPACK MATRIX COPY D Q

K:/HMPACK MATRIX KILL OFY D

K:# GOTO EQU309

K:#EQU307:

K:/HMPACK MATRIX EXTRACT EXTRACT_VALUE FREQS "I" "OPT" "ILMD"

K:/HMPACK MATRIX EXTRACT EXTRACT_VALUE FREQS "J" "OPT" "JLMD"

K:#XI=1/(ILMD-JLMD)

K:/HMPACK MATRIX EXTRACT EXTRACT_A_COLUMN GDI "I" GDII

K:/HMPACK MATRIX EXTRACT EXTRACT_A_COLUMN GDI "J" GDIJ

K:/HMPACK MATHEMATICS TRANSPOSE_MULTIPLY GDIJ ADK S

K:/HMPACK MATHEMATICS MULTIPLY S GDII SS

K:/HMPACK MATRIX SCALAR_MULTIPLY "OPT" GDIJ "ILMD"

K:/HMPACK MATHEMATICS TRANSPOSE_MULTIPLY GDIJ ADM T

K:/HMPACK MATHEMATICS MULTIPLY T GDII TT

K:/HMPACK MATHEMATICS SUBTRACT TT SS

K:/HMPACK MATRIX SCALAR_MULTIPLY "OPT" SS "XI"

K:/HMPACK MATRIX COPY SS QQ

K:/HMPACK MATRIX KILL S SS T TT GDII GDIJ

K:/HMPACK MATRIX EXTRACT EXTRACT_VALUE QQ "OPT" "OPT" "CM"

K:/HMPACK MATRIX INSERT INSERT_VALUE U "J" "OPT" "CM"

K:/HMPACK MATRIX KILL QQ

K:# EQU309:

K:#J=J+1

K:# IF (J LE Y_ROWS)THEN GOTO EQU308

K:/HMPACK MATHEMATICS MULTIPLY GDI U DDU

K:/HMPACK MATRIX EXTRACT EXTRACT_A_COLUMN AU "S"

```
AUS
    K:/HMPACK MATHEMATICS TRANSPOSE_MULTIPLY GDII ADM
ENDU
    K:/HMPACK UNIVERSAL_FILE WRITE_READABLE HH
    K:"HH. UNV"
    K:/HMPACK UNIVERSAL_FILE WRITE ENDU
    K:"ENDU. UNV"
    C:##############################
##################################
####
    C:###输出特征值、特征向量二阶摄动灵敏度矩阵###
    C:##############################
##################################
####
```

6.6 本章小结

I-DEAS 的二次开发技术大大扩展了其软件的使用范围，使用户可以通过自编译的程序对结构做方便快捷的计算分析，增加了软件的灵活性。本章研究了摄动灵敏度方法和重分析算法在大型有限元分析软件 I-DAES 中的实现问题。基于 I-DEAS 的开放体系结构，利用 CORBA 和 Open Link，建立客户/服务器模式程序与 I-DEAS 进行通信，查询有限元模型信息和分析结果，形成特征值和特征向量的摄动灵敏度矩阵，并根据得到的摄动灵敏度矩阵对模型进行动态修改。通过 I-DEAS 的应用程序编程接口 Open Solution 和 Open I-DEA 实现对结构的动态灵敏度分析。

第7章 考虑车架柔性的6×4商用车平顺性仿真研究

7.1 引 言

在初始设计阶段预测及优化车辆的动态性能是缩短开发周期、减少整车开发费用的重要环节。在这样的概念设计阶段无样车的情况下,用计算机仿真解决问题是现代汽车工业的发展趋势。汽车行驶平顺性是影响驾驶员疲劳的重要特性。尤其商用车具有车架较长、满载与空载之间的差距很大等特性,所以它的平顺性无法与轿车相比。随着高速公路的发展,重型汽车长时间运行的情况大幅度增加,同轿车相比,重型汽车的乘坐舒适性差的问题在实际使用中逐渐暴露,也引起制造和使用部门的极大重视。因为对长距离、长时间行驶的重型汽车来说,提高驾驶员的乘坐舒适性,从而减轻驾驶员的疲劳强度,不仅可以保证驾驶员身体健康,对确保行车安全也具有重要意义。为此各重型汽车制造公司近年来在改良普通悬架、增设驾驶室悬架,甚至驾驶员座椅悬架等方面都作了卓有成效的工作。国内外很多学者早就研究了商用车的平顺性问题。徐忠明等[203]研究两轴商用车的15自由度模型,通过驾驶室悬置的改进改善了驾驶室的乘坐舒适性。Demerdash等[204]研究多轴军用装甲车的平顺性,比较两轴、三轴和四轴车辆的平顺性,得出四轴车辆的平顺性最好的结论。Ibrahim等[205]通过有限元法算出车架的模态质量、刚度和阻尼,用模态叠加法建立车架柔性模型。比较刚体模型和柔体模型,结果说明车架柔性对驾驶员垂向加速度和驾驶室俯仰加速度的影响很大。李鹏飞等[206]采用多刚体系统动力学理论研究商用车驾驶室悬置隔振系统的平顺性问题,提出了基于多刚体动力学的现代虚拟样机技术进行驾驶室悬置隔振系统设计和计算分析方法,最终强调充分考虑驾驶室悬置系统与主悬架系统参数的匹配所达到的隔振效果要好于单独改进驾驶室悬置系统参数的效果,因此,在进行整车设计时应将底盘主悬架系统与驾驶室悬置系统进行综合考虑。王登峰等[207]以动力总成振动激励对驾驶员座椅地板垂直振动加速度的传递路径分析为例，分析并识别了对整车行驶平顺性影响较大的动力总成悬置的主要振动传递路径。分析表明，动力总成右悬置的振动激励对驾驶员座椅地板Z方向的贡献最大，要改善行驶平顺性，应该对动力总成悬置的隔振性能进行改进。

影响平顺性的部件较多，比如悬架、发动机悬置、驾驶室悬置与座椅悬置等。驾驶室悬置是跟座椅悬置、发动机悬置、悬架等一起作用的，还存在相互耦合作用。而轴距也影响平顺性的重要参数，车架的弯曲也是其中之一。所以光考虑驾驶室悬置或者光考虑发动机悬置，就没有什么大的意义。将影响平顺性的参数同时考虑及优化，这是提高平顺性的最好方法。本章建立了考虑车架弯曲、发动机悬置、驾驶室悬置与座椅悬置的商用车振动模型，进行随机输入行驶模拟试验，分析驾驶室悬置、发动机悬置和车架弯曲弹性振动等对平顺性的影响。最后通过灵敏度分析确定了对平顺性影响较大的参数。

7.2 6×4商用车半车模型

6×4式商用车的半车振动模型将用拉格朗日方法推导。为了研究车架柔性对整车性能的影响，推到9个、10个、11个、12个自由度模型，确定了车架弯曲弹性振动阶次。9个自由度为座椅的垂向位移，驾驶室的垂向位移，驾驶室的俯仰角，发动机的垂向位移，车架的垂向位移，车架的俯仰角，3个车轴的垂向位移。10个、11个、12个自由度除了上述的9个自由度以外还包括车架的弯曲(1～3阶)。所以可以说9个自由度模型是刚体模型，10个、11个、12个自由度模型是刚体一柔体混合模型。

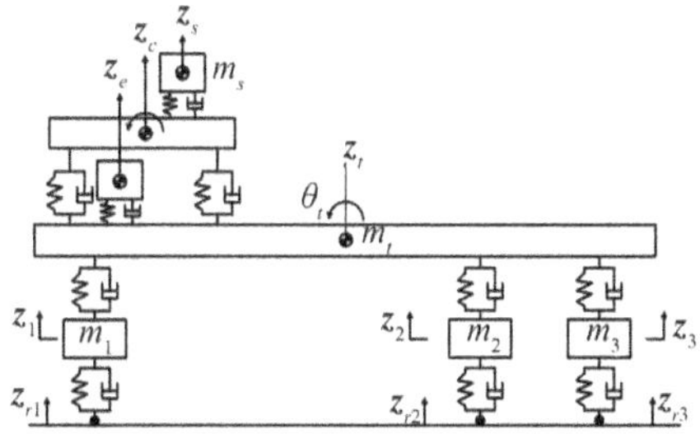

图7.1 6×4商用车半车振动模型

模型的自由度如下：座椅垂向位移z_s，驾驶室质心的垂向位移z_c，发动机质心的垂向位移z_e，车架的垂向位移z_t，车架弯曲振动的广义坐标(1～3阶)q_{t1}、q_{t2}、q_{t3}，轴一非簧载质量的垂向位移z_1，轴二非簧载质量的垂向位移z_2，轴三非簧载质量的垂向位移 z_3，驾驶室质心的俯仰角 θ_c，车架的俯仰角 θ_t。

模型参数如下：座椅悬置的刚度和阻尼分别为 k_s、c_s，座椅的质量(包含驾驶员)m_s，发动机悬置的刚度和阻尼分别为 k_e、c_e，发动机质量 m_e，驾驶室前悬置的刚度和阻尼分别为 k_{cf}、c_{cf}，驾驶室后悬置的刚度和阻尼分别为 k_{cr}、c_{cr}，驾驶室质量 m_c，从驾驶室质心到前后悬置的距离分别为 n、p，从车架质心到驾驶员座椅、驾驶室质心及发动机质心的距离分别为 d、e、f，车架的质量 m_t，轴一非簧载质量 m_1，轴一悬架刚度和阻尼分别为 k_1、c_1，轴一轮胎的刚度和阻尼分别为 k_{t1}、c_{t1}，轴一轮胎下地面激励位移 z_{r1}，从车架质心到轴一的距离 a ，从车架质心到车架前端的距离 l，轴二非簧载质量 m_2，轴二悬架刚度和阻尼分别为 k_2、c_2，轴二轮胎的刚度和阻尼分别为 k_{t2}、c_{t2}，轴二轮胎下地面激励位移 z_{r2}，从车架质心到轴二的距离 b，轴三非簧载质量 m_3，轴三悬架刚度和阻尼分别为 k_3、c_3，轴三轮胎的刚度和阻尼分别为 k_{t3}、c_{t3}，轴三轮胎下地面激励位移 z_{r3}，从车架质心到轴三的距离 c，从车架质心到车架后端的距离 m。

7.3 车架的弯曲

车架的弯曲影响驾驶员的纵向和垂向加速度。将车架视为等载面梁，可列出欧拉-柏努利梁的运动微分方程式[208]。

$$EI\,\frac{\partial^4 \eta}{\partial x^4}(x,t)+\rho A\,\frac{\partial^2 \eta}{\partial t^2}(x,t)=f(x,t)$$

式中，E 为弹性模数，I 为转动惯量，ρ 为梁的密度，A 为载面积。无阻尼自由振动时，

$$f(x,t)=0$$

利用分离变量法

$$\eta(x,t)=X(x)T(t)$$

$$X(x)=C_1\cos\beta x+C_2\sin\beta x+C_3\cosh\beta x+C_4\sinh\beta x$$

将两端边界条件带入后可得

$$X(x)=\frac{C_2}{\alpha}[\cos\beta x+\cosh\beta x+\alpha(\sin\beta x+\sinh\beta x)]$$

此时

$$\alpha=\frac{\sin\beta l+\sinh\beta l}{\cos\beta l-\cosh\beta l}\quad \det\begin{vmatrix}(\cos\beta l-\cosh\beta l) & (\sin\beta l-\sinh\beta l)\\ (\sin\beta l+\sinh\beta l) & (\cos\beta l-\cosh\beta l)\end{vmatrix}=0$$

上述方程式的解是无限数量，每个解都对应梁的每个振型，如表 7.1。

表 7.1　两端自由梁的振型常数

振型	$\beta_n l$
刚体	0
第一阶	4.73004
第二阶	7.85320
第三阶	10.99561

用拉格朗日方法建立车架弯曲模型，将利用假设模态方法。即梁的位移表现为有限级数。

$$\eta(x,t)=\sum_{i=1}^{n}f_i(x)q_i(t)$$

式中，$f_i(x)$为梁的第 i 个振型函数；$q_i(t)$为第 i 个广义模态坐标。

如果已经知道梁的固有频率，那么车架的抗弯曲刚度可以表示如下。

$$(EI)_n=(2\pi f_n)^2\left(\frac{l}{\beta_n l}\right)^4\rho A$$

式中，f_n 为梁的 n 阶固有频率(Hz)；l 为梁的长度(m)；β_n 为与梁的类型和振型有关的常数；ρA 为车架的单位长度质量。

8.4　运动方程的矩阵形式

6×4 商用车的半车振动方程矩阵形式如下：

$$\boldsymbol{M}\ddot{\boldsymbol{X}}+\boldsymbol{C}\dot{\boldsymbol{X}}+\boldsymbol{K}\boldsymbol{X}=\boldsymbol{A}\dot{\boldsymbol{U}}+\boldsymbol{B}\boldsymbol{U}$$

式中，$\boldsymbol{M}$ 为质量矩阵；$\boldsymbol{C}$ 为阻尼矩阵；$\boldsymbol{K}$ 为刚度矩阵；$\boldsymbol{A}$ 为路面输入阻尼矩阵；$\boldsymbol{B}$ 为路面输入刚度矩阵；$\boldsymbol{X}$ 为系统的未知矢量；$\boldsymbol{U}$ 为路面不平度垂向位移矢量。且质量矩阵、阻尼矩阵和刚度矩阵都是对称矩阵。

9 个自由度模型

$$\boldsymbol{X}=[z_s\quad z_c\quad \theta_c\quad z_e\quad z_t\quad \theta_t\quad z_1\quad z_2\quad z_3]^{\mathrm{T}}$$

$$\boldsymbol{U}=[z_{r1}\quad z_{r2}\quad z_{r3}]^{\mathrm{T}}$$

12 个自由度模型

$$\boldsymbol{X}=[z_s\quad z_c\quad \theta_c\quad z_e\quad z_t\quad \theta_t\quad q_{t1}\quad q_{t2}\quad q_{t3}\quad z_1\quad z_2\quad z_3]^{\mathrm{T}}$$

$$\boldsymbol{U}=[z_{r1}\quad z_{r2}\quad z_{r3}]^{\mathrm{T}}$$

7.5 计算机模拟结果与分析

以某款 6×4 平头载货卡车为例，用 Matlab 语言进行了模拟。该车辆车架的低阶垂向弯曲振动固有频率分别为 18.6 Hz、50.9 Hz、99.4 Hz。用本书模型进行了随机输入行驶模拟试验。一种被普遍接受的随机路面功率谱拟合表达式如下：

$$G_q(n) = G_q(n_0)\left(\frac{n}{n_0}\right)^{-w}$$

式中，$G_q(n)$为路面垂直位移不平度功率谱密度，简称为路面功率谱密度，单位是 $\mathrm{m^2/m^{-1}}$；n 为空间频率，它是波长的倒数，表示每米长度包含的波数，单位是 $\mathrm{m^{-1}}$；n_0 为参考空间频率，$n_0=0.1\mathrm{m^{-1}}$；$G_q(n_0)$为参考空间频率 n_0 下的路面功率谱密度值，称为路面不平度系数，单位是 $\mathrm{m^2/m^{-1}}$：w 为频率指数，为双对数谱密度曲线的斜率，它决定路面功率谱密度的频率结构。

在 B 级路面上用 9 个、10 个、11 个和 12 个自由度模型进行了随机输入行驶模拟试验，驾驶员座椅处加权加速度均方根值表 7.2 如下。

表 7.2 座椅处加权加速度均方根值

模型自由度	弯曲频率/Hz	均方根值/($\mathrm{m\cdot s^{-2}}$)	误差(相对刚体模型)/%
9		0.45089	—
10	18.6	0.45687	1.33
11	18.6,50.9	0.45845	1.68
12	18.6,50.9,99.4	0.45825	1.63

从表 7.2 可以看出，车架的刚度较大时车架弯曲振动的影响不太大，可以忽略。而考虑 1～2 阶能够满足计算精度。表 7.3 表示车架弯曲振动频率对整车平顺性的影响。

表 7.3 车架弯曲振动频率的影响

模型自由度	弯曲频率/Hz	均方根值/($\mathrm{m\cdot s^{-2}}$)	误差(相对刚体模型)/%
9		0.45089	—
10	18.6	0.45687	1.33
	10	0.50655	12.3

一般重型卡车车架柔性较大，它的第一阶弯曲频率10Hz左右。考虑车架柔性的时候，座椅处的加权加速度均方根值比刚体模型大，加速度随着车架弯曲振动频率的变化而变化。所以准确确定车架的弯曲频率是非常重要的。

计算结果说明车架弯曲频率越低，平顺性越差。也就是说，车架刚度越低，平顺性也越差。对平顺性影响较大的车架弯曲频率范围是低频范围。表7.4是用9个自由度模型（全浮式驾驶室）算出来的座椅处加权加速度均方根值。

表7.4　发动机悬置对平顺性的影响

速度/(km·h^{-1})	固定式	悬置式($k=1\times10^6$)	误差/%
70	4.6403×10^{-1}	4.5089×10^{-1}	
80	5.4243×10^{-1}	5.2126×10^{-1}	4.06
90	6.1396×10^{-1}	5.8519×10^{-1}	4.92
100	6.7598×10^{-1}	6.4198×10^{-1}	5.3

从表7.4可以看出，使用发动机悬置时比没有悬置时可以减少5%左右的驾驶员加速度。发动机悬置会引起减振作用，随着行驶速度的增加，发动机悬置的贡献量而提高。即通过恰当选择发动机悬置，可以改善整车的动力学性能。

表7.5是用9个自由度模型（全浮式驾驶室）算出来的座椅处加权加速度均方根值。

表7.5　座椅悬置对平顺性的影响

速度/(km·h^{-1})	固定式($k=1\times10^{10}$)	悬置式($k=3403$)	误差/%
70	5.3135×10^{-1}	4.5089×10^{-1}	17.8
80	6.1831×10^{-1}	5.2126×10^{-1}	18.6
90	6.9843×10^{-1}	5.8519×10^{-1}	19.4
100	7.7225×10^{-1}	6.4198×10^{-1}	20.3

从表7.5可以看出，用座椅悬置可以将汽车平顺性提高20%左右。

表7.6说明驾驶室悬置形式对整车平顺性的影响。结果是用9个自由度模型算出来的座椅处加权加速度均方根值。

表7.6　驾驶室悬置对平顺性的影响

速度/(km·h^{-1})	悬置形式	加速度均方根值/(m·s^{-2})
100	前悬置	0.61052
	后悬置	0.57127
	全浮式	0.49099

从表 7.6 可以看出，用全浮式驾驶室悬置时减震效果最好，可成本高，结构复杂一些。

综上所知，对商用车来说，改善汽车平顺性时，驾驶室悬置的贡献最大。

7.6 灵敏度分析

用 12 个自由度模型进行了灵敏度分析。灵敏度分析在随机输入的情况下进行了。它的目的在于确定每个参数对汽车平顺性的影响。灵敏度指的是随着输入变化而输出的变化率。灵敏度分析有数值方法和分析法，这里用了数值方法。为了进行灵敏度分析，利用了如下误差函数。

$$E=\left|\frac{\mathrm{RMS(var)}-\mathrm{RMS(base)}}{\mathrm{RMS(base)}}\right|$$

这里 RMS(var)指的是灵敏度分析中每个参数变化时的驾驶员加速度均方根值，RMS(base)指的是每个参数设定为初始值的驾驶员加速度均方根值。灵敏度分析中每个参数的变化范围为初始值的±(10，20，30，40，50%)。灵敏度分析中使用的变量如表 7.7。

表 7.7 灵敏度分析变量表

序号	变量	序号	变量
1	轴 1 的悬架刚度	9	驾驶室悬置刚度
2	轴 1 的悬架阻尼	10	驾驶室悬置阻尼
3	轴 2，3 的悬架刚度	11	座椅悬置刚度
4	轴 2，3 的悬架阻尼	12	座椅悬置阻尼
5	轴 1 的轮胎刚度	13	第一阶弯曲频率
6	轴 2，3 的轮胎刚度	14	第二阶弯曲频率
7	发动机悬置刚度	15	第三阶弯曲频率
8	发动机悬置阻尼	16	

灵敏度分析结果如表 7.8。

表 7.8 参数的灵敏度优先级

优先级	参数	优先级	参数
1	轴1的悬架刚度	9	座椅悬置刚度
2	轴2,3的轮胎刚度	10	轴1的轮胎刚度
3	驾驶室悬置阻尼	11	座椅悬置阻尼
4	轴1的悬架阻尼	12	发动机悬置刚度
5	轴2,3的悬架刚度	13	第二阶弯曲频率
6	驾驶室悬置刚度	14	发动机悬置阻尼
7	第一阶弯曲频率	15	第三阶弯曲频率
8	轴2,3的悬架阻尼		

7.7 结 语

建立考虑车架弯曲的商用车振动模型,分析了车架刚度、驾驶室悬置、发动机悬置对汽车平顺性的影响。结果表明考虑车架柔性的时候,准确确定车架的弯曲振动频率具有重要意义。从改善平顺性的方面来考虑,驾驶室悬置的贡献最大,尤其全浮式驾驶室的减震效果最好,其次是后悬置式驾驶室,前悬置式的效果最差。发动机悬置也引起一定的减震作用。按照本书模型,进行了灵敏度分析,为了以后平顺性改善工作提供了科学依据。对驾驶员加速度最敏感的设计变量是前轴的刚度。本模型可用于初始设计阶段预测汽车平顺性,确定最优轴数及优化设计方案等。

第8章　结语与展望

8.1　结　语

结构动态灵敏度设计和重分析研究是现代有限元技术的重要内容。在设计过程中，对结构进行灵敏度分析可以选择出影响结构最明显的参数，也可以找到结构对参数改变最敏感的位置和方向，从而可以迅速、准确、有效地对模型进行修正，提高工作效率。由于实际结构往往非常复杂，不可能只经过一次设计就达到各种性能要求，必须经过大量的反复修改直到设计方案被认可，因此结构重分析是必不可少的。重分析方法是在初始结构动力特性进行分析和处理的基础上，获得新结构的特征信息，从而使大型复杂结构的动态设计过程更加简洁、快速。

由于特征值和特征向量不显含结构参数，所以无法用直接求导法对结构特征灵敏度进行研究。目前的计算方法都是在简单求导法的基础上结合模态展开法或 Nelson 方法，其结算过程复杂，并且都只研究了结构具有单参数的情况，没有对多参数问题进行探讨，因而也没有给出特征值和特征向量关于设计参数的导数矩阵信息。然而特征灵敏度的一阶、二阶导数矩阵具有重要意义，例如：一阶导数矩阵（即梯度阵），是优化反问题求解过程的关键；二阶导数矩阵（即 Hessian 阵），对进行试验预先规划和优化问题的性能分析，具有非常重要的作用。

本书借助矩阵摄动法对多参数结构实模态和复模态情况下特征值与特征向量的灵敏度问题进行了研究，得到的一阶、二阶摄动灵敏度矩阵是特征值和特征向量在参数小变化情况下，关于多个设计参数的一阶、二阶导数矩阵的有效模拟，解决了直接求导法无法计算导数矩阵的问题。

该方法首先将结构的系统增量矩阵作为设计参数的隐函数进行 Taylor 展开，得到系统增量关于设计参数的函数关系；其次将特征值和特征向量也作为参数的隐函数进行二阶 Taylor 展开，得到特征值与特征向量的一阶、二阶导数矩阵；然后根据矩阵摄动理论中孤立特征值问题的一阶、二阶摄动公式，推导出多参数结构特征值和特征向量的一阶、二阶摄动灵敏度及小变形情况下特征值和特征向量关于设计参数的一阶、二阶摄动灵敏度矩阵(即梯度阵和 Hessian 阵)的近似计算方法。本文还对复模态的特征灵敏度问题进行了研究,给出复特征值和特征向量一阶、二阶摄动灵敏度矩阵的近似算法。文中还选取了结构的各种不确定参数如弹性模量、结构尺寸、阻尼系数等作为设计变量,对弹簧质量系统和其他几种实际工程算例进行了一阶、二阶特征值和特征向量灵敏度分析,给出结构关于多参数的一阶、二阶摄动灵敏度矩阵。

本书(研究)中讨论的算法由于在建立模型的过程中引入了设计变量,使得到的结果具有较明确的物理意义,提高了理论模态和试验模态的相关程度,可以为产品设计提供更明确的指导方向。其计算过程简洁,便于在实际工程问题中的应用。

8.2 展　望

根据书中所讨论的方法对结构进行灵敏度分析时,还有些问题需要进一步的探求。

具体如下:①在分析非亏损系统的重频或密频特征值问题时,从矩阵摄动理论出发的特征值和特征向量的摄动灵敏度矩阵会有怎样形式的变化。②在多个结构参数发生较大变化且存在耦合的情况下,摄动灵敏度矩阵的计算精度如何保证。③在用模态展开法计算特征向量的一、二阶导数时,如何减小截断误差对灵敏度矩阵的影响。

参考文献

[1] ATORA J S. Survey of structural reanalysis techniques[J]. Journal of the Structural Division, ASCE, 1976, 102(ST4): 783-803.

[2] ARGYRIS J H. The matrix analysis of structures with cutouts and modifications[C]. Proceedings of 9th Int. Congress of Applied Mechanics, Univ. of Brussels, 1986, 6: 131-140.

[3] ABU K A, TOPPING BHV. Static reanalysis: A review [J]. Journal of Structural Engineering, 1987, 113(6): 1029-1045.

[4] 顾松年. 结构动力修改的发展与现状[J]. 机械强度, 1991, 13(1): 1-9.

[5] KIRSCH U. Efficient reanalysis for topological optimization [J]. Structural Optimization, 1993, 6: 143-150.

[6] BARTJELEMY J-FM, HAFTKA RT. Approximation concepts for optimum structural design-Areview [J]. Structural optimization, 1993, 5(3): 129-144.

[7] BARTJELEMY J F M, HAFTKA R T. Recent advances in approximation concepts for optimum structural design[C]. Proceedings of NATO/DFGASI on Optimizations of Large Structural Systems, Berchtesgaden, Germany, 1991, 235-256.

[8] Muscolino G, Cacciola P. A dynamic reanalysis technique for modifications of structural components[M]. Proceedings of the sixth conference on Computational structures technology. 2002, 103-104.

[9] FOX R L. Optimization methods for engineering design[M]. New York: Addison-Wesley, 1971.

[10] KIRSCH U. Structural optimization: Fundamentals and Applications[M]. Berlin: Springer-Verlag, 1993.

[11] BENDSOE M P. Methods for the optimization of structural topology[M]. Berlin: Springer-Verlag, 1994.

[12] ROZVANY G I N. Shape and layout optimization of structural systems

and optimality criteria methods[M]. Vienna:Springer-Verlag,1992.

[13] CHUN Y W,HANG E J. Shape optimization of a solid of revolution[J]. Journal of Engineering Mechanics,1983,109:30-46.

[14] MELOSH R. J. ,LUIK R. Multiple configuration analysis of structures [J]. Journal of the structural Division ASCE,1938,94:2581-2596.

[15] SOBIESZCZANSKI J. Structural modification by perturbation method [J]. Journal of the Structural Division,ASCE,1968,94(12):2799-2816.

[16] KAVLIE D. POWELL G. H. Efficient reanalysis of modified sturctures [J]. Journal of the structural Division ASCE,1971,97(1):377-392.

[17] KAVANAGH K. T. An approximation algorithm of the reanalysis of structures by the finite element method[J]. Computers and Structures, 1972,2:713-722.

[18] PHANSALKAR S R. Matrix iterative methods for structural reanalysis [J]. Journal of Computers and Structures,1974,4:779-800.

[19] NOOR A K, LOWDER H E. Approximate reanalysis techniques with substructuring [J]. Journal of the structural Division ASCE, 1975, 101 (8):1687-1698.

[20] SCHMIT JR. L A,FARSHI B. Some approximation concepts for structural synthesis [J]. AIAA Journal,1974,12(50):692-699.

[21] NOOR A K, LOWDER H E. Structural reanalysis via a mixed method [J]. Computers and Structures,1975,5:9-12.

[23] DING H,GALLAGHER R H. Approximate force method reanalysis techniques in structural optimization[J]. International Journal for Numerical Methods in Engineering,1985,21(7):1253-1267.

[24] FLEURY C,BRAIBANT V. Structural Optimization:A new dual method using mixed variables[J]. International Journal for Numerical Methods in Engineering,1986,23(3):409-428.

[25] WANG B P. Eigenvalue reanalysis of locally modified structures using a generalized Rayleigh's method[J]. AIAA Journal,1986,24(6):983-990.

[26] NOOR A K,WHITWORTH S L. Reanalysis producer for large structural systems[J]. International Journal for Numerical Methods in Engineering, 1988,26:1729-1748.

[27] NOOR A K. Recent advances and applications of reduction methods[J]. Applied Mechanics Reviews,1994,47(5):125-146.

[28]CAKONI F, COLTON D, MONK P. The direct and inverse scattering problems for partially coated obstacles [J]. Inverse Problems, 2001, 17 (6):1997-2015.

[29] MAKODE P V, RAMIREZ M R, COROTIS R B. Reanalysis of frigid frame structures by the virtual distortion method[J]. Structural and Multidisciplinary Optimization, 1996, 11 (1-2):

[30] HUANG C, VERCHERY G. An exact structural static reanalysis method [J]. Communications in Numerical Methods in Engineering, 1997, 13(2): 103-112.

[31] AKTAS A, MOSES F. Reduced basis eigenvalue solutions for damaged structures [J]. Mechanics of Structures and Mechanies, 1998, 26(1): 63-79.

[32] JENKINS W M. A neural network for structural re-analysis[J]. Computers and Structures, 1999, 72(6): 687-698.

[33] LEU L J., TSOU C C. Application of a reduction method for reanalysis to nonlinear dynamic analysis for flamed structures[J]. Computational Mechanics, 2000, 26(5): 497-505.

[34] ARGYRIS J H. The matrix analysis of structures with cut-outs and modifications[C]. Proceedings of 9th Int. Congress of Applied Mechanics, Univ. of Brussels, 1986, 6: 131-140.

[35] SOBIESZCZANSKI J. Structural modification by perturbation method [J]. Journal of the Structural Division, ASCE, 1968, 94(12): 2799-2816.

[36] BENNET J M. Triangular factors of modified matrices[J]. Numerical Mathematics, 1965, 7: 217-221.

[37] BEST G A. Method of structural weight minimization suitable for high speed digital computers[J]. AIAA Journal, 1963, 1(2): 478-479.

[38] TUMASONIENE I, KULVIETIS G, MAZEIKA D, et. al. The eigenvalue problem and its relevance to the optimal configuration of electrodes for ultrasound actuators[J]. Journal of Sound and Vibration. 2007, 208: 683-691.

[39] FOX R L. MIURA H. An approximate analysis technique for design calculations[J]. AIAA Journal, 1971, 90: 171-179.

[40] WU B, LI Z. Approximate reanalysis for modifications of structural layout [J]. Engineering Structures, 2001, 23(12): 1590-1596.

[41] 王瑁成. 有限单元法[M]. 北京:清华大学出版社,2003.

[42] CLOUGH RW. The finite element method in plane stress analysis[R]. Proc ASCE Conf Electron Computat, Pittsburg, PA, 1960.

[43] MARTIN R S, WILKINSON J H. Symmetric decomposition of positive definite band matrices[M]. Handbook for Automatic Computation Vol. II. New York, Berlin: Springer Verlag, 1971.

[44] WILSON E L, BATHE K J, DOHERTY W P. Direct solution of large systems of linear equations [J]. Computers and Structures, 1974, 4: 363-372.

[45] JENNINGS A. A compact storage scheme for the solution of symmetric Linear simultaneous equations[J]. ComputJ, 1966, 9: 281-285.

[46] IRONS B M. A frontal solution progeam for finite element analysis[J]. Int J Numer Meth Eng, 1970, 2: 5-32.

[47] DUFF I S. A review of frontal methods for solving linear systems[J]. Computer Physics Communication, 1996, 97(2): 45-52.

[48] CUTHILL E, MCKEE J. Reducing the bandwidth of sparse symmetric matrices in Proc, 24 th Nat. Conf. ACM[C]. 1969.

[49] GEORGE ALAN, LIU JOSEPH W. H. An optimal algorithm for symbolic factorization of Symmetric matrices[J]. SIMA J. Comput, 1980, 9(3): 583-593.

[50] GIBBS N E, POLLE W G, STOCKEMEYER P K. An algorithm for reducing the bandwidth and profile of a sparse of a sparse Matrix[J]. SIMA Journal of Numerical Analysis, 1976, 13(2): 236-250.

[51] GEORGE ALAN, LIU JOSEPH W H. An implementation of a pseudoperipheral node finder[J]. ACM trans. on Math Softw, 1979, 5(3): 284-295.

[52] LIU WAI-HUNG, SHERMAN ANDREW H. Comparative analysis of the Cuthill-McKee and the Reverse Cuthill-McKee ordering algorithms for sparse matrices[J]. SIMA Journal of Numerical Analysis, 1976, 13(2): 198-213.

[53]GEORGE ALAN, LIU JOSEPH WH. An algorithm for symbolic factorization of symmetric matrices[J]. SIMA J. Comput, 1980, 9(3): 583-593.

[54] GEORGE ALAN, LIU JOSEPH WH. A Fast implementation of the minimum degree algorithm, using quotient graphs[J]. ACM Trans. Math. Softw, 1980, 6(3): 337-358.

[55]LIU JOSEPH WH. Modification of the minimun-degree algorithm by multiple elimination[J]. ACM Trans. Math. Softw,1985,11(2):141-153.

[56] LIU JOSEPH W H,MIRZAIAN ANDRANIK. A linear reordering algorithm for parallel pivoting for chordal graphs[J]. SIMA J. Discrete Math,1989,2(1):100-107.

[57] LIU JOSEPH WH. Reordering sparse matrices for parallel Elimination [J]. Parallel Computing,1989,11(1):73-91.

[58] 杨志军,陈塑寰,王欣. 面向对象有限元快速解法——Ⅰ数据结构[J]. 吉林大学学报工学版,2004,34(4):684-688.

[59] 杨志军,陈塑寰,吴晓明. 面向对象有限元快速解法——Ⅱ数据结构[J]. 吉林大学学报工学版,2005,35(2):195-198.

[60] 梁峰,钱若军. 空间结构有限元分析的快速求解技术[J]. 空间结构,2003,9:3-8.

[61] 周洪伟,吴舒,陈璞. 有限元分析快速直接求解技术进展[J]. 力学进展,2007,37(2):175-188.

[62] LAOUAFA F,ROYIS P. An iterative algorithm for finite element analysis[J]. Journal of Computational and Applied Mathematics,2004,164:469-491.

[63] AYACHOUR E. H. A fast implementation for GMRES method[J]. Journal of Computational and Applied Mathematics,2003,159:269-283.

[64] SAAD YOUSEF,HENK A. VAN DER VORST. Iterative solution of linear systems in the 20th Centry [J]. Journal of Computatuional and Applied Mathematics,2000,123:1-33.

[65] 戴华. 求解大规模矩阵问题的 Krylov 子空间方法[J]. 南京航空航天大学学报,2001,33:139-145.

[66] 谷同祥,迟学斌,刘兴平. 稀疏近似逆与多层块 ILU 与条件技术[J]. 应用数学和力学,2004,25(9):927-924.

[67] MEIJERINK J A,HENK A. VAN DER VORST. Guidelines for the usage of incomplete decompositions in solving sets of linear Equations as they occur in practical problems[J]. Journal of Computational Physics,1981,44:134-155.

[68] MEIJERINK J A. HENK A. VAN DER VORST. An iterative solution method for linear systems of which the coefficient matrix is a symmetric M-matrix[J]. Mathematics of Computation,1977,31:148-162.

[69] LEE FH, PHOON KK, LIM KC, et. al. Performance of Jacobi preconditioning in Krylov subspace solution of finite element equations[J]. International Journal for Numerical and Analytical Methods, 2002, 26: 341-372.

[70] MORGAN RB, SCOTT D. Preconditioning the Lanczos algorithm for sparse symmetric eigenvalue problems[J]. SIAMJ Sci Computing, 1993, 14, 14: 585-593.

[71] CROUZEIX M, PHILIPPE B, SADKANE M. The Davidson method[J]. SIAMJ Sci Computing, 1994, 15, 15(1): 62-76.

[72] ACKERMANN. J., KWAKERMAAK, H., ET. AL. Uncertainty und Comtrol[M]. Spring-verlag, 1985.

[73] FRANK, P. M. Entwurf parameterunempfindlicher und robuster Regelkreise im Zeitbereich Definitionen[J]. Verfahren und ein vergleigh, Automatisierungstechnik, 1985, 33: 233-240.

[74] RICLES J. M., KOSMATKA J. B. Damage detection in elastic structures using vibratory residual forces and weighted sensitivity[J]. AIAA, 1992, 30(9): 2310-2316.

[75] SANAYEI M., ONIPEDE O. Damage assessment of structures suing static test data[J]. AIAA, 1991, 29(7): 1174-1179.

[76] HEMEZ F. M. Theoretical and experimental correlation between finite element models and modal tests in the context of large flexible space structures. Ph. D. Dissertation, Dept. of Aerospace Eineering science, University of Colorado, Boulder, CO., 1993.

[77] SANAYEI M., ONIPEDE O., BABU S. R. Selection of noisy measurement locations for error reduction in static parameter identification[J]. AIAA, 1992, 30(9): 2299-2309.

[78] YEO I. SHIN S., LEE H. S., et al. Statistical damage assessment of framed structures form static responses[J]. Engrg. Mech., ASCE, 2000, 126(4): 414-421.

[79] JANG J. H., YEO I., SHIN S., et al. Experimental investigation of system identification based damage assessment on structures[J]. Struct. Engrg. ASCE, 2002, 128(5): 673-682.

[80] 张清华，李乔，唐亮. 斜拉桥结构损伤识别的概率可靠度法[J]. 铁道学报，2005，27(3): 70-75.

[81] LORD RAYLEIGH. Thory of Sound (two) volumes [M]. New York: Dover Publications Second Edition,1945.
[82] FOX RL. AND KAPOOR MP. Rates of change of eigenvalues and eigenvectors. AIAA Journal,1968,12:2426-2429.
[83] ROGERS C L. Derivatives of Eigenvalues and Eigenvectors[J]. AIAA Journal,1977,(5):43-944.
[84] NELSON RB. Simplified calculations of eigenvector derivative[J]. AIAA Journal,1976,14:1201-1205.
[85] JUANG JN,GHAEMMAGHAMI P,AND LIM KB. Eigenvalue and eigenvector derivatives of a nondefective matrix[J]. Journal of Guidance, Control Dynamics,1989,12:480-486.
[86] LEE IW,JUNG GH. An efficient algebraic method for computation of natural frequency and mode shape sensitivities——Part Ⅰ. Multiple natural frequencies[J]. Computers and Structures,1997,62 (3):429-435.
[87] LEE IW,JUNG GH. An efficient algebraic method for computation of natural frequency and mode shape sensitivities——Part Ⅱ. Multiple natural frequencies[J]. Computers and structures,1997,62 (3):437-443.
[88] GONG Y L,XU L. Sensitivity analysis of steel moment frame accounting for geometric and material nonlinearity[J]. Computers and Structures, 2006,84:462-475.
[89] MADDULAPALLI AK,AZARM S,BOYARS A. Sensitivity analysis for product design selection with an implicit value function[J]. European Journal of Operation Research,2007,80:1245-1259.
[90] CHOI KM,JO HK,KIM WH,LEE IW. Sensitivity analysis of non-conservative eigensystems[J]. Journal of Sound and Vibration, 2004, 274: 997-1011.
[91] 胡海昌.多自由度系统固有振动理论[M].北京:科学出版社,1987.
[92] 刘中生,陈塑寰,韩万芝.对胡海昌的小参数法的补充[J].应用力学学报,1991,11(1):82-86.
[93] 刘中生,陈塑寰,赵又群.振动系统特征值和特征向量的一阶导数[J].宇航学报,1994,1:96-102.
[94] 刘中生,陈塑寰,赵又群.自由-自由结构振动模态的一阶导数[J].宇航学报,1994,1:35-41.
[95] 陈塑寰,宋大同,韩万芝.重特征值的特征向量导数计算的新方法[J].机械

强度,1995,17(2):43-47.

[96] LIU,ZS,CHEN SH,ZHAO YQ. An accurate method for computing eigenvector derivatives for free-free structures[J]. Computers and Structures,1994,52:1135-1143.

[97] BANCHIO ENRIQUE G. ,GODOU LUIS A. A new approach to evaluate imperfection sensitivity in asymmetric bifurcation buckling analysis[J]. Journal of the Brazilian Society of Mechanical Science,2001,23(1):1-20.

[98] XU T,CHEN SH,LIU ZS. Perturbation Sensitivity of generalized modes of defective systems [J]. Computer and Structures,1994,52(2):179-185.

[99] QU Z.-O. Hybird Expansion Method for frequency response and their Sensitivities,Part Ⅰ:Undamped Systems[J]. Journal of Sound and Vibration,2000,231(1):175-193.

[100] QU Z.-O. ,SELVAM RP. Hybird Expansion Method for frequency response and their sensitivities,Part Ⅱ:Viscously Damped Systems[J]. Journal of Sound and Vibration,2000,238(3):369-388.

[101] MOON YJ,KIM BW,KO MG,LEE IW. Modified modal methods for calculating eigenpair sensitivity of asymmetric damped system[J]. International Journal for Numerical Methods in Engineering,2004,60:1847-1860.

[102] CHOI K-M,CHO S-W,KO M-G,LEE I-W. Higher order eigensensitivity analysis of damped systems with repeated eigenvalues[J]. Computers and Structures,2004,82:63-69.

[103] BAHAI H,FARAHANI K,DJOUDI MS. Eigenvalue inverse formulation for optimizing vibratory behavior of truss and continuous structures. Computers and Structures[J]. 2002,80:2397-2403.

[104] FARAHANI K,BAHAI H. An inverse strategy for relocation of eigenfrequencies in structural design,Part Ⅱ:second order approximate solutions[J]. Journal of Sound and Vibration,2004,274:507-528.

[105] GODOY A,TAROCO EO,FEIJOO RA. Second-order sensitivity analysis in vibration and buckling problems[J]. International Journal for Numerical Methods in Engineering,1994,37(23):3999-4014.

[106] MIRZAEIFAR R,BAHAI H,ARYANA F,YEILAGHI A. Optimization of the dynamic characteristics of composite plates using an inverse approach[J]. Journal of Composite Materials. 2007,41(26):3091-3108.

[107] MIRZAEIFAR R,BAHAI H,SHAHAB S. Active control of natural frequencies of FGM plates by poezoelectric sensor/actuator pairs, Smart materials and structures[J]. 2008, 17(4), 045003 doi: 10. 1088/0964-1726/17/4/045003.

[108] MIRZAEIFAR R, BAHAI H, SHAHAB S. A new method for finding the first-and second-order eigenderivatives of asymmetric non-conservative systems with application to an FGM plate actively controlled by piezoelectric sensor/actuators[J]. International journal for numerical methods in engineering,2008,75 (12):1492-1510.

[109] ARYANA F,BAHAI H. Sensitivity analysis and modification of structural dynamic characteristics using second order approximation[J]. Engineering Structures,2003,25(10):1279-1287.

[110] GUEDRIA N,CHOUCHANE M,SMAOUI H. Second-order eigensensitivity analysis of asymmetric damped systems using Nelson's method [J]. Journal of Sound and Virbation,2007,300:974-992.

[111] IOTT J,HAFTKA RT,ADELMAN HM. On a procedure for selecting step sizes in sensitivity analysis by finite differences[J]. NASA-TM-86382,1985.

[112] IOTT J,HAFTKA RT. Selecting step size in sensitivity analysis by finite differences[J]. NASA-TM-86383,1986.

[116] WANG BP. An improved approximate for computing eigenvector derivatives. AIAA/ASME/ASCE/AHS 26th Structures[M]. Structural Dynamics and materials Conference,Orlando,FL,1985.

[117] WANG BP. Improved approximate methods for computing eigenvector derivatives in structural dynamics[J]. AIAA Journal,1991,29(6):1018-1020.

[118] 宋海平,周传荣. 计算特征向量灵敏度的 Neumann 级数展开法[J]. 振动工程学报,2000,13(1):89-92.

[119] 张令弥,何柏庆,袁向荣. 设计灵敏度分析的迭代模态法[J]. 南京航空航天大学学报,1994,26(3):319-327.

[120] 张令弥,何柏庆,袁向荣. 结构特征向量导数计算的移位迭代模态法[J]. 振动工程学报,1995,8(3):247-252.

[121] 张令弥,何柏庆,袁向荣. 特征向量导数计算各种模态法的比较和发展[J]. 应用力学学报. 1994,11(3):68-74.

[122] 张德文,魏阜旋,张欧骐. 实用完备模态空间中的相容修正模型[J]. 振动工程学报,1989,2(4):33-40.

[123] ZHANG DW,WEI FS. Model correction via compatible element method [J]. Journal of Aerospace Engineering,ASCE,1992,5(3):337-346.

[124] 张德文,魏阜旋. 重根特征向量导数计算的完备模态法[J]. 固体力学学报,1992,13(4):347-352.

[125] ZHANG DW,WEI FS. Some practical complete modal spaces and equivalence[J]. AIAA Journal,1997,35(11):1784-1787.

[126] 童卫华,姜节胜,顾松年. 计算重根特征向量一阶导数的完备模态法的一种改进[J]. 西北工业大学学报,1996,14(4):622-626.

[127] FRISWELL MI,ADHIKARI S. Derivatives of complex eigenvectors using Nelson's method[J]. AIAA Journal,2000,38(12):2355-2357.

[128] NAJEH GUEDRIA,HICHEM SMAOUI,MNAOUAR CHOUCHANE. A direct algebraic method for eigensolution sensitivity computation of damped asymmetric systems[J]. International Journal for Numerical in Engineering,2006,68(68):674-689.

[129] TANG J,NI WM,WANG WL. Eigensolutions sensitivity for quadratic eigenproblems[J]. Journal of Sound and Vibration,1996,196(2):179-188.

[130] TANG J,NI WM. On calculation of sensitivity for non-defective eigenproblems with repeated roots. Journal of Sound and Vibation[J]. 1999,225(4):611-631.

[131] 曾国华,董聪. 动力特征向量灵敏度的组合扰动迭代算法[J]. 振动、测试和诊断,2007,27(3):181-185.

[132] MNAOUAR CHOUCHANE,NAJEH GUEDRIA,HICHEM SMAOUI. Eigensensitivity computation of asymmetric damped systems using an algebraic approach[J]. Mechanical Systems and Signal Processing,2007,21:2761-2776.

[133] 解惠青,戴华. 非对称阻尼系统特征对一阶导数与二阶导数的计算[J]. Appl. Math. J. Chinese Univ. Ser. A. 2006,21(4):465-476.

[134] KIRSCH U,MOSES F. An improved reanalysis method for grillage-type structures[J]. Computers and Structures,1998,68:79-89.

[135] CHEN SH,YANG ZJ. A universal method for structural static reanalysis of topological modifications[J]. Int. J. Numer. Meth. Engng,2004,61:

673-683.

[136] CHEN SH, YANG ZJ, LIAN HD. Comparsion of several eigenvalue reanalysis methods for modified structures[J]. Struct. Multidisc Optim, 2000,20:253-259.

[137] ABU KASIM AM, TOPPING BHV. Static reanalysis: A review[J]. Journal of Structural Engineering,1987,113(6):1029-1045.

[138] 顾松年. 结构动力修改的发展与现状[J]. 机械强度,1991,13(1):1-9.

[139] MUSCOLINO G, CACCIOLA P. Re-analysis techniques in Structural dynamics[M]. In Topping B H V, Moto Soares C A. Progress in Computational Structures Technology. Saxe-Coburg Publications,31-58.

[140] 刘中生. 结构修改若干问题的研究[D]. 吉林,吉林工业大学力学系,1992.

[141] 宋大同. 随机参数结构统计修改与概率优化问题[D]. 吉林,吉林工业大学力学系,1994.

[142] 黄诚. 结构拓扑修改的重分析理论[D]. 吉林,吉林工业大学力学系,1999.

[143] URI KIRSCH, MICHAL KOCARA, JOCHEM ZOWE. Accurate reanalysis of structures by a preconditioned conjugate method[J]. Int. J. Nmuer. Meth. Engng,2002,55:233-251.

[144] M. BENZI. Preconditioning techniques for large linear systems: A survey [J]. Comput. Phys,2002,182:418-477.

[145] NOOR A K, WHITWORTH S L. Reanalysis producer for large structural systems [J]. Int. J. Numer. methods Eng. 1988,26:1729-1748.

[146] ARGYRIS JH, BRONLUND OE, ROY JR, et. al. Adirect modification producer for the displacement method[J]. AIAA,1971,9(9):1861-1864.

[147] ARGYRIS J H, ROY J R. General treatment of structural modifications [J]. Journal of the Structural Division, ASCE 1972,98(ST2):465-492.

[148] SOBIESZCZANSKI J. Matrix algorithm for structural modification based upon the parallel element concept[J]. AIAA, 1969, 7(1): 2132-2139.

[149] MEHMET A. AKGÜN, JOHN H. GARCELON, RAPHAEL T. HAFTKA. Fast exact linear and non-linear structural reanalysis and the Sherman-Morrison-Woodbury formulas [J]. Int. J. Numer. Meth. Engng, 2001,50:1587-1606.

[150] PLAUT RH, HUSEYIN K. Derivatives of eigenvalues and eigenvectors in Non-Self-Adjoint system[J]. AIAA Journal,1973,11(11):11.

[151] RUDISILL CS. Derivatives of eigenvalues and eigenvectors for a general matrix[J]. AIAA Journal,1974,21:721-722.

[152] CHEN JC,WADA BK. Matrix perturbation for structural dynamics[J]. AIAA Journal,1979,5:1095-1100.

[153] WILLIAM B B. An improved computational technique for perturbations of the geralized symmetric linear algebraic eigenvalue problem[J]. International Journal of Numerical Methods in Engineering, 1987, 24: 529-541.

[154] WILLIAM B B. An improved perturbation technique for eigenvalues of continous system[J]. Commun. Appl. Numer. Methods,1990,6.

[155] 刘应力,陈塑寰.结构振动特征值问题的二阶矩阵摄动法[J].吉林工业大学学报,1983,3.

[156] HAUNG H J,ROUSSELET B. Design sensitivity analysis is structural dynamics II,Eigenvalue variation[J]. Journal of Structural Mechanics, 1980,8(1),161.

[157] 陈塑寰.退化系统振动分析的矩阵摄动法[J].吉林工业大学学报,1981,4:11-18.

[158] 胡海昌.参数小变化对本征值的影响[J].力学与实践,1981,2:29-30.

[159] LIU JK,CHAN HC. Universal matrix perturbation method for structural dynamic reanalysis of general damped gyroscopic systems[J]. Journal of Vibration and Control,2004,10(4):525-541.

[160] AKGUN M A,GARCELON J H,HAFTKA R T. Fast exact linear and non-linear structural reanalysis and the Sherman-Morrison-Woodbury formulas[J]. International Journal for Numerical Methods in Engineering,2001,50(7):1587-1606.

[161] 张德文,王龙生.对 Chen 的矩阵摄动法的补充[J].宇航学报,1983,2:63.

[162] 陈塑寰,结构振动分析的矩阵摄动理论[M].重庆:重庆出版社,1991.

[163] LIU XL. Accurate modal perturbation in non-self-adjoint eigenvalue problem[J]. Commun Numer Meth Engng,2001,17:715-725.

[164] CHEN SH. Matrix perturbation theory in structural dynamic[M]. Beijing:International academic publisher,1993.

[165] CHEN SH, Yand XW, Wu BS. Static displacement reanalysis of structures using perturbation and Padé approximation[J]. Communications in Numerical Methods in Engineering,2000,16(2):75-82.

[166] 黄海,陈塑寰,孟光.结构静态拓扑重分析的摄动——Pade 方法[J].应用力学学报,2005,22(2):155-158.

[167] KIRSCH U. Reduced basis approximations of structural displacement for optimal design[J]. AIAA,1991,29:1751-1758.

[168] KIRSCH U. Combined approximations a general reanalysis approach for structural optimization[J]. Struct. Multidisc,Optim,2000,20:97-106.

[169] KIRSCH U. Improved stiffness-based first-order approximations for structural optimization[J]. AIAA,J. 1995,33:143-150.

[170] KIRSCH U. Panos Y. Papalambros. Accurate displacement derivatives for structural optimization using approximate reanalysis[J]. Comput. Methods Appl. Mech. Engng. 2001,190:3945-3956.

[171] KIRSCH U,BOGOMOLNI M,SHEINMAN I. Nonlinear dynamic reanalysis of structures by combined approximations[J]. Comput. Methods Appl. Mech. Engng. 2006,195:4420-4432.

[172] 杨志军,陈塑寰,吴晓明.结构静态拓扑分析的迭代组合近似方法[J].力学学报,2004,36(5):611-616.

[173] FENG RONG,SU HUAN CHEN,YU DONG CHEN. Structural modal reanalysis for topological modifications with extended Kirsch method [J]. Comput. Methods Appl. Mech. Engng. 2003,1952:697-707.

[174] KIRSCH U. PARALAMBROS PY. Structural reanalysis for topological modification-a unified approach[J]. Struct Multidise Optim,2001,21:333-344.

[175] 张德文,魏步旋.重根特征向量导数计算的直接扰动法[J].固体力学学报,1993,14(4).

[176] 章永强,王文亮.广义特征值问题中重特征值的特征向量导数[J].力学学报,1994,26(1).

[177] ADELMEN H M,HAFTKA R T. Sensitivity analysis of discrete structural systems[J]. AIAA Journal,1986,24:823-832.

[178] LIU X L,OLIVEIRA C S. Iterative modal perturbation and reanalysis of eigenvalue problem[J]. Communications in Numerical Methods in Engineering,2003,19(4):263-274.

[179] TAN R C E. Some acceleration methods for iterative computation of derivatives of eigenvalues and eigenvectors[J]. International Journal of Numerical Methods in Engineering,1989,28:1505-1519.

[180] 冯振东，吕振华. 振动系统实模态参数灵敏度分析[J]. 固体力学学报，1989，10(4)：359-363.

[181] ZHAN Z F，CHEN S H. The standard deviations of the eigensolutions for random MODF systems[J]. Computers & Structures，1991，39(6)：603-607.

[182] SUN J G. Multiple eigenvalue sensitivity analysis[J]. Linear Algebra and Its Applications，1990，137/178：183-211.

[183] BRANDON J A. Second-order design sensitivities to assess the applicability of sensitivity analysis[J]. AIAA Journal，1991，29(1)：135-139.

[184] WANG BP. Improved approximate methods for computing eigenvector derivatives in structural dynamics[J]. AIAA Journal，1991，29(6)：1018-1020.

[185] LIU Z S，CHEN S H. Reanalysis of static response and its design sensitivity of locally modified structures[C]. Proceedings of the IV Conference of APCS，1991：450-455.

[186] 刘中生，陈塑寰，赵又群. 模态截断与简谐载荷的响应[J]. 宇航学报，1993，14(9)：537-541.

[187] ADHIKARI S. Calculation of derivative of complex modes using classical normal modes[J]. Computers and Structures，2000，77(6)：625-633.

[188] ANDREW A L. Convergence of and iterative method for derivatives of eigensystems[J]. Journal of Computational Physics，1978，26：107-112.

[189] MURTHY DV，HAFFKA RT. Derivatives of eigenvalues and eigenvectors of a general complex matrix[J]. Int. J. Numer Meth Engng，1999，26：293-311.

[190] ADHIKARI S，FRISWELL MI. Eigen derivative analysis of asymmetric non-conservative systems[J]. Int. J. Numer. Meth. Engng，2001，51(6)：709-733.

[191] 陈建军，车建文，崔明涛等. 结构动力优化设计述评与展望 [J]. 力学学报，2001，vol. 31(2)：181-192.

[192] 童昕. 非比例阻尼结构特征向量灵敏度计算的高精度级数展开法[J]. 工程力学，2000，17(1)：63-67.

[193] ZHANG Q，ZERVA A. Iterative method for calculating derivatives of eigenvectors[J]. AIAA，1996，34(5)：1088-1090.

[194] J. H 威尔金森. 代数特征值问题[M]. 北京：科技出版社，2001.

[195] 陈塑寰，刘中生. 振兴一阶导数的高精度截尾模态展开法，力学学报，1993，25(4)：427-434.

[196] HEO J. H,EHMANN K. F. A method for substructural sensitivity synthesis[J]. Journal of Virbation and Asoustics,1991,113:201-208.

[197] 许谭,荣见华. 结构特征灵敏度的子结构综合方法[J]. 机械强度,1995,19(1):9-14.

[198] 张美艳. 复杂结构的动力重分析方法研究[D]. 复旦大学,2007,4.

[199] LIM K B,JUANG J H ,GHAEMMAGHANI P. Eigenvector derivatices of repeated eigenvalues using singular value decomposition[J]. Journal of Guidance,Control and Dynamics,1989,12(2):282-283.

[200] SONDIPON ADHIKARI. Calculation of derivative of complex modes using classical normal modes[J]. Computer and Structures,2000,77:625-633.

[201] ZIMOCH R Z. Fast computation of sensitivity and eigenvalues for systems with non-symmetric structural matrices[J]. Journal of Sound and Vibration,1991,145:151-157.

[202] ADHIKARI,S. ,FRISWELL,M. I. Eigenderivative analysis of asymmetric non-conservative systems [J]. International Journal of Numerical Methods in Engineering,2001,51(6):709-733.

[203] 徐中明,张志飞,贺岩松. 自由度重型汽车乘坐舒适性计算机仿真[J]. 计算机仿真,2005,22(2):195-198,214.

[204] DEMERDASH S M El,RABEIH E M A. Ride Performance Analysis of Multi-Axle Combat Vehicles[J]. SAE Paper 2004- 01-2079.

[205] IBRAHIM I M,CROLLA D A,BARTON D C. Effect of frame flexibility on the ride vibration of trucks[J]. Computers & Structures,1996,58(4):709- 713.

[206] 李鹏飞,马力,何天明,等. 商用车驾驶室悬置隔振仿真研究[J]. 汽车工程;2005,27(6):740-743.

[207] 王登峰,李未,陈书明,等. 动力总成振动对整车行驶平顺性的传递路径分析[J]. 吉林大学学报(工学版),2011,41(2):92-97.

[208] Meirovitch, Leonard. Fundamentals of Vibrations [M]. New York: McGraw-Hill,2001.